Elisabeth Lukas

Inspirationen für die Seele

Heilkunst und Lebenskunst
in der Logotherapie

Band 7

Elisabeth Lukas

INSPIRATIONEN FÜR DIE SEELE

DAS GEISTIGE ERBE VIKTOR E. FRANKLS

2., bearbeitete und ergänzte Auflage

EDITION LOGOTHERAPIE

PROFIL VERLAG

Anschrift der Autorin:
Prof. h.c. Dr. Elisabeth Lukas
Marktplatz 17/4/1
A-2380 Perchtoldsdorf bei Wien
Österreich

Bibliografische Information der Deutschen Bibliothek:
Die Deutsche Bibliothek verzeichnet diese Publikation in der Deutschen Nationalbibliografie, detaillierte bibliografische Daten sind im Internet über http://dnb.ddb.de abrufbar.

Die erste Auflage erschien unter dem Titel „Viktor E. Frankl. Arzt und Philosoph“ (ISBN 978-3-89019-563-6)

Gestaltung & Satz: 10takel design
Umschlagabbildung: Viktor Frankl Zentrum, Wien
Lektorat: Heidi Schönfeld, Jürgen Kagelmann
„Fotos aus zwei Jahrzehnten“: Gerhard und Elisabeth Lukas
Printed in the E.U.
ISBN 978-3-89019-615-2

Inhalt

Für Frau Eleonore Frankl

Eine Information über Viktor E. Frankls Leben und sein Werk

Heimat bist du großer Söhne ...
(orig. österr. Bundeshymne)

Definition des Verfahrens

Im Zusammenhang mit Logotherapie bedeutet das griechische Wort „Logos“ einfach Sinn; die Logotherapie ist eine sinnzentrierte Psychotherapie. Sie wurde von dem Wiener Neurologen und Psychiater *Viktor E. Frankl* (1905 – 1997) begründet und von seinen Schülern und Schülerinnen vielfältig weiterentwickelt.

Die der Logotherapie zu Grunde liegende Motivationstheorie geht von der Annahme aus, dass der Mensch ein Wesen auf der Suche nach Sinn ist. Wird sein ihm eingeborener „Wille zum Sinn“ frustriert, manifestiert sich das daraus resultierende Sinnlosigkeitsgefühl in seelischen Störungen wie Depressionen, Aggressionen oder Süchten. Selbstverständlich kann und will die Logotherapie Sinn nicht „verordnen“, sondern geht der Frage nach, wie es gelingen kann, Sinn (auch in schwierigen Lebenslagen) zu finden. Wobei sich dank weltweiten logotherapeutischen Forschungen immer wieder gezeigt hat, dass es – entgegen dem Sinnlosigkeitsgefühl – keine noch so dramatische Situation gibt, die letzten Endes nicht *doch* eine Sinnmöglichkeit böte.

Die Logotherapie nimmt sich aber nicht nur des „Leidens am scheinbar sinnlosen Leben" an, sondern hält für die verschiedenen seelischen Störungen heilsame Methoden bereit. Zum Beispiel die angstlindernde Methode der „Paradoxen Intention", deren therapeutische Effizienz in experimentellen Kontrolluntersuchungen zweifelsfrei nachgewiesen worden ist, oder die „Dereflexion", einem schier unerläßlichen Instrumentarium zum Abbau psychosomatischer Störungen und emotionaler Überreaktionen.

Geschichtliche Aspekte

Ursprünglich ist die Logotherapie in Opposition zur Zeitströmung des Psychologismus und Reduktionismus Anfang des 20. Jahrhunderts entstanden. Dem damaligen Trend zufolge wurden humangeistige Inhalte wie Freundschaft, Opfer und Hilfsbereitschaft, Wissensdurst, Hoffnung, Glaube und Liebe triebdynamisch hinterfragt und als pathologische Ersatzsymptome, Sublimierungen überschüssiger Libido etc. interpretiert. Diese Deutungsversuche arteten in einer permanenten Entlarvungstendenz aus, die letztlich keinerlei Werte mehr zuließ, weil jedes Ideal als Ausdruck eines krankhaften Aktvollzugs verstanden wurde. Zum Beispiel wurde Johann Wolfgang von Goethe als hochgradiger Sexualneurotiker eingestuft, der angeblich verborgene Ängste vor vorzeitigem Samenerguss mit Hilfe seiner Dichtungen habe kompensieren wollen. Seine schöpferischen Kreationen wurden in langen Abhandlungen als Ergebnis ins Unbewusste verdrängter Komplexe gedeutet. Ähnlich wurde Jesus

Christus als halluzinierender Schizophrener abgestempelt, u.a. mehr. Dagegen wehrte sich der junge *Frankl* vehement und wies darauf hin, dass es menschliche Phänomene gibt, die psychologisch nicht aufschlüsselbar sind, weil sie eben echt sind. Insbesondere die Sinnfrage und künstlerische oder philosophisch-weltanschauliche Entwürfe entziehen sich psychologistischen Denkmustern. Es wurde zum Anliegen seiner Lehre, den Psychologismus in der Psychotherapie zu überwinden und die herkömmliche Psychotherapie um die Dimension des Geistigen zu ergänzen und zu erweitern.

Gab es Vorläufer?

Gegen Ende des 19. Jahrhunderts war das Selbstverständnis des abendländischen Menschen eher das eines unfreien Wesens. Biologische, psychologische und soziologische Kausalitäten waren transparenter geworden als in früheren Zeiten, wodurch die Bedingtheiten des Lebens mit ihren unsteuerbaren Abhängigkeiten und Zufallsvarianten ins wissenschaftliche Blickfeld gerückt waren. Die uralte Frage: „Was ist der Mensch?" hatte neue, extreme Antworten heraufbeschworen: „... ein durch Genmutationen und Selektionsprozesse entstandenes Evolutionsprodukt", „... ein von den Eltern und Umwelteinflüssen geprägtes Sozialprodukt", kurzum, eine fremdprogrammierte Maschine. Die Ausgeliefertheit und Ohnmacht des Individuums im Gesamtgeschehen stand im Zentrum des damaligen naturalistischen Weltbildes.

Als Gegenreaktion darauf entwickelte sich die Existenzphilosophie. Um nur zwei berühmte Namen herauszugreifen: *Karl Jaspers* rief zur Rückbesinnung auf die Tatsache auf, dass „Menschsein Verantwortlichsein bedeutet im Angesicht des Freiseins gegenüber den Gegebenheiten naturhafter Bindung". *Martin Heidegger* trat für die ethische Bewertbarkeit menschlichen Handelns ein, die ja nur dort erwogen werden kann, wo Handlungsfreiräume vorliegen.

Analoges spielte sich im Fachbereich der Psychologie ab. Auch hier führten bedeutsame moderne Erkenntnisse zunächst zu einseitigen Auslegungen. Die plötzlich begriffene Wichtigkeit der Kleinkindphase schien vernachlässigte Menschen an lebenslängliche defizitäre Ketten zu fesseln. Die geheimnisvolle Automatik des Unbewussten schien über jeden freien Willensvorgang zu dominieren. Der Mensch wurde zum Opfer seiner ihn determinierenden Umstände erklärt.

Darauf war ebenfalls eine Gegenreaktion fällig, und sie verdichtete sich in der Logotherapie. Mit *Frankl* wurde der trotz aller seelischen Bande offene Gestaltungsspielraum des menschlichen Geistes wieder betont, der eine persönliche Weltenmitformung in Eigenverantwortlichkeit ermöglicht. So wie die Existenzphilosophie dem materialistischen Realismus ihrer Zeit das existentielle Sein des Menschen entgegenhielt, so stellte die Logotherapie dem Begriff des „triebhaft Unbewussten" in der Psychologie das „geistig Unbewusste" als Quelle menschlicher Selbstbestimmung gegenüber.

Als Vorläufer der Logotherapie kann daher gewissermaßen die Existenzphilosophie genannt werden, nicht aber die parallel dazu emporgeschossene junge Disziplin der Psychologie.

Die ersten Anfänge

Das Interesse *Frankls* an der Psychotherapie erwachte bereits in seiner Gymnasialzeit, in der er eine rege Korrespondenz mit *Sigmund Freud* anfing. Fasziniert vom Gehörten und Gelesenen meldete sich alsbald seine wissenschaftliche Schöpfungskraft zu Wort. Im Rahmen einer „Philosophischen Arbeitsgemeinschaft" an der Wiener Volkshochschule, die von *Edgar Zilsel* geleitet wurde, hielt *Frankl* mit *16* Jahren seinen ersten Vortrag über den Sinn des Lebens. Darin keimten zwei Thesen auf, die Jahrzehnte später zu festen Bestandteilen seiner Logotherapie heranreifen sollten, nämlich die These vom „Antwort-geben-müssen auf Lebensfragen" und die These vom „Übersinn".

Die erste These besagt, dass genaugenommen nicht der Mensch nach dem Sinn von Lebensvorkommnissen zu fragen hat, sondern sich umgekehrt als ein vom Leben her Befragter verstehen möge, als jemand, der statt zu fragen *zu antworten* hat, und zwar dem Leben selbst, das symbolisch als „Fragesteller" aufzufassen ist. Auf die Fragen des Lebens antworten kann der Mensch jedoch nur durch verantwortliches Handeln, weshalb alles Geschehen, das er bewusst und willentlich in die Welt setzt, in irgendeiner Form schon eine Antwort auf die „Fragwürdigkeiten" seines Lebens ist.

Die zweite These aus dem Vortrag des 16-jährigen *Frankl* bezog sich auf das Walten eines „Übersinns", der nichts mit Übersinnlichem zu tun hat, sondern als jener „letzte Sinn" zu verstehen ist, der „im Anfang war" und über menschliches Fassungsvermögen unendlich hinausreicht.

Als *Frankl* das Gymnasium mit der Maturaarbeit „Zur Psychologie des philosophischen Denkens" abschloss, war darin das Leitmotiv seines späteren Lebenswerkes bereits angeklungen, das sich von da ab unablässig um die Erhellung des Grenzgebietes zwischen Psychologie und Philosophie bemühen sollte. Dass dies nicht nur ein theoretisches Ringen um Erkenntnis wurde, sondern auch höchst praktische therapeutische Konsequenzen nach sich zog, war durch die medizinische Ausbildung und ärztliche Laufbahn *Frankls* gesichert.

Nachdem *Otto Pötzl* (der Nachfolger von *Julius Wagner-Jauregg*) *Frankl* noch vor dessen Promotion erlaubte, an der psychotherapeutischen Ambulanz der Wiener Universitätsklinik für Psychiatrie selbständig zu arbeiten, ging *Frankl* daran, auf der Grundlage eines existenzphilosophisch beeinflussten, vom Widerstand gegen den Psychologismus durchdrungenen und mit Eigenideen angereicherten Menschenbildes handhabbare psychotherapeutische Verfahrensweisen zu entwerfen und sie in der Praxis zu überprüfen. Bald schlug die Geburtsstunde der mittlerweile berühmt gewordenen Technik der „Paradoxen Intention", die der Bewährungsprobe im klinischen Alltag mit unerwartetem Erfolg standhielt.

Die Entwicklung des Verfahrens

Walter Soucek hat die Logotherapie die „Dritte Wiener Schule der Psychotherapie" genannt und damit insofern eine gute Formulierung getroffen, als die drei Wiener Richtungen: die Psychoanalyse *Freuds,* die Individualpsychologie *Adlers* und die Logotherapie *Frankls,* trotz ihrer zeitlichen Nähe eigenständige Gedankengebäude sind, die sich nicht voneinander ableiten lassen. Vielmehr hat jede jeweils später entstandene Richtung den Status eines (damals nicht gerade erwünschten) *Korrektivs* gegenüber der früheren, was sich auch daran zeigt, dass *Frankl* schließlich wegen Unorthodoxie aus der Gesellschaft für Individualpsychologie ausgeschlossen worden ist, wie zuvor *Adler* aus dem Kreis der Psychoanalytiker.

Im Jahr 1924 veröffentlichte *Frankl* noch ein Manuskript in der „Internationalen Zeitschrift für Psychoanalyse". Sein zweiter publizierter Aufsatz aus dem Jahr 1925 erschien bereits in der „Internationalen Zeitschrift für Individualpsychologie". 1926 kam es zu den Meinungsdifferenzen zwischen ihm und *Adler.* Letzterer beharrte darauf, dass neurotische Krankheitssymptome für die Patienten stets Mittel zur Erreichung von (eigensüchtigen) Vorteilen seien, während *Frankl* die Möglichkeit ins Auge faßte, eine seelische Störung könne auch Ausdrucksfunktion haben – worüber heute allgemeine Übereinstimmung herrscht. *Oswald Schwarz,* der Begründer der psychosomatischen Medizin, und *Rudolf Allers,* Leiter eines sinnesphysiologischen Labors, stärkten *Frankl* den Rücken, und das Werk „Formalismus in der Ethik" von *Max Scheler* überzeugte ihn vollends, auf der richtigen Spur zu sein.

Nach *Frankls* Ausschluss aus dem Adler-Kreis gründete er gemeinsam mit *Fritz Wittels* (dem Autor der ersten Freud-Biografie) und *Maximilian Silbermann* den „Akademischen Verein für medizinische Psychologie", in dessen Fortbildungsprogramm zum erstenmal das Wort „Logotherapie" fiel. Die Wiener Schule war vom Analysieren (Psychoanalyse) über das Psychologisieren (Individualpsychologie) zum Therapieren (Logotherapie) vorgedrungen, und es ist wiederum bezeichnend, dass das erste Lehrbuch über Logotherapie, das *Frankl* noch vor Kriegsbeginn im Rohentwurf verfaßte, einen Titel trägt, der auf keine Erklärung oder Deutung psychischer Phänomene abzielt, sondern auf das Heilen und Helfen-Wollen in seelischer Not: „Ärztliche Seelsorge".

Die Persönlichkeit des Gründers

Wer war *Viktor E. Frankl?* Beleuchten wir seinen Werdegang anhand einiger Blitzlichter. Da war der Pubertierende, der sich mit der Frage nach dem Sinn des Lebens herumschlug – hochintelligent, aufgeweckt, ein kritischer Geist. Da war der heranwachsende *Frankl,* der sich hinsichtlich vieler menschlicher Anliegen engagierte, u. a. bei der Wiener Sozialistischen Arbeiterjugend. Der neben seinem Studium in mehreren Städten Jugendberatungsstellen organisierte. Der 1930 eine Sonderaktion zur Zeugnisverteilung startete mit dem verblüffenden Resultat, dass seit Jahren erstmals kein einziger Schülerselbstmord stattfand. Da war der frischgebackene Arzt *Frankl,* der nach seiner Promotion vier Jahre lang intensiv am Wiener psychiatrischen Krankenhaus „Am Steinhof" arbeitete, eine Zeit, in der ca. 12.000 schwerst depressive Patientinnen durch seine Hände gingen. Der sich von ihren Lebenszweifeln und -ängsten nicht „anstecken" ließ, weil er die unerschütterliche Tragkraft einer positiven Weltanschauung besaß. Der sich als Facharzt niederlassen wollte und nicht ahnen konnte, dass der schlimmste „Test" seiner inneren Standfestigkeit noch auf ihn wartete.

Da war der Jude *Frankl* im finsteren Jahr 1940, das ihn vor eine furchtbare Wahl stellte, als er das ersehnte amerikanische Ausreisevisum in Händen hielt. Er hätte sich ins Ausland in Sicherheit bringen können, aber nur um den Preis, seine alten Eltern einem ungewissen Schicksal zu überlassen. Denn die Oberarztposition am jüdischen Rothschild-Spital, die er zu jenem Zeitpunkt innehatte, gewährte seinen Eltern einen vorläufigen Deportationsschutz. *Frankl* folgte seinem Gewissen, harrte unter dem Nazi-Regime aus und ließ das Visum unbenützt. Er ging sogar zusätzliche Risiken ein, indem er behinderte und verwirrte Patienten mit Hilfe falscher Diagnosen vor der Euthanasie bewahrte.

Frankl hat sich unter Einsatz seines Lebens zu seiner Überzeugung bekannt, wonach das Gewissen – als „Sinn-Organ" des Menschen – den jeweiligen Sinn einer Situation aufzuspüren vermag, dem der Mensch dann zu gehorchen hat. Uns erscheint diese seine Haltung heldenhaft, noch dazu, da er seine Familienangehörigen (bis auf eine Schwester, die dem Holocaust entkam) durch sein großes Opfer nicht hat retten können, aber es ist anzunehmen, dass die Entscheidung für ihn „selbstverständlich" gewesen ist. Er ist nie von seiner geistigen Linie abgewichen; vermutlich hätte ihn eine Inkonsistenz mit seiner Überzeugung eher umgebracht als jede Folter.

Nun, er überstand vier Konzentrationslager, doch der 1945 von amerikanischen Soldaten befreite *Frankl* war stiller als der vor Initiativen überschäumende junge Arzt aus der Vorkriegszeit. Wieviel Schmerz galt es zu bewältigen! Freunde überredeten ihn, sich um die Vorstandschaft der Neurologischen Abteilung der Wiener Poliklinik zu bewerben, wo er daraufhin 25 Jahre lang wirken sollte. Man musste ihm zuraten, sein bewegendes Dokument „Ein Psychologe erlebt das Konzentrationslager" unter seinem Namen zu veröffentlichen. Kein Wunder, dass er freundschaftliche Impulse brauchte. Seine ersten vier Bücher sind Toten gewidmet: seiner toten Frau, seinen toten Eltern, seinem toten Bruder.

Da war aber auch der versöhnliche *Frankl,* Vorbild einer ganzen Folgegeneration, der auf jeglichen Hass verzichtete und den Vorwurf einer Kollektivschuld des deutschen Volkes kategorisch ablehnte, weil er stets allein die Eigenverantwortung des Einzelindividuums vor Augen gehabt hatte. Um seine Leiderfahrungen reicher, baute er das Menschenbild der Logotherapie konsequent aus (von der *Giambattista Torello* später feststellen sollte, dass sie „das letzte vollständige System in der Geschichte der Psychotherapie" sei), habilitierte sich damit und erwarb ein zweites Doktorat, diesmal in Philosophie. Seine Lebensenergie flammte wieder auf. Neben seiner Tätigkeit in der Klinik und den regelmäßigen Vorlesungen an der Wiener Universität gründete er eine neue Familie und unternahm bald zahlreiche Vortragsreisen, vorwiegend nach Nord- und Südamerika. Seine Lehrbücher erschienen in rund 40 Sprachen und unzähligen Auflagen, einige davon erwiesen sich als Bestseller. 1970 wurde in den USA der erste Lehrstuhl für Logotherapie geschaffen. Von da an war ihr Aufstieg in die Spitzengremien der Fachwelt nicht mehr aufzuhalten; mehr als 230 Universitäten boten *Frankl* Professuren und Lehraufträge an. Als er im 93. Lebensjahr – weithin für seine Verdienste um den seelisch kranken Menschen geehrt – starb, hatte ihm wenige Tage zuvor noch die Ohio State University sein 29. Ehrendoktorat verliehen.

Zusammenfassend kann man sagen, dass aus dem Optimismus, der sein Leben einst kennzeichnete, nach den schweren traumatischen Erlebnissen ein „tragischer Optimismus" geworden ist, doch immerhin: zum Pessimismus konnte ihn das Schicksal nicht zwingen.

Was folgt aus alledem für die Entwicklung seiner Lehre? Sie ist ein philosophisch-psychologisches Denksystem, das alle trauernden und verzweifelten Menschen ermutigt, „trotzdem Ja zum Leben zu sagen", wie es *Frankl* selbst getan hat. Dennoch ist sie auch ein realistisches Konzept, das sich nicht scheut, das Leiden der Kreatur, die Schuldhaftigkeit personalen Versagens und die Unausweichlichkeit des Todes als Urtatbestände menschlichen Seins anzunehmen und einer Sinndeutung zuzuführen. Idealismus und Realismus bilden in der Logotherapie eine ebenso enge Legierung wie in der Persönlichkeit ihres Begründers, der in der ersten Hälfte seines Lebens vielleicht etwas mehr Idealist war und danach etwas mehr Realist wurde, aber stets beides problemlos zu vereinen wusste.

Das Menschenbild der Logotherapie

Was die Besonderheit der Logotherapie ausmacht, ist nicht eine psychologische Taktik, Strategie oder Technik, sondern ihre auf die jeweilige Problematik eines Patienten abgestimmte Improvisationskunst unter dem Leitstern eines würdigen Menschenbildes. Dieses hat *Frankl* unter dem Stichwort „Dimensionalontologie" entfaltet. Danach verbinden sich im Menschen drei Dimensionen: die körperliche (somatische), die seelische (nicht im religiösen Sinne, sondern als „psychische“ zu verstehen) und die geistige („noetische“, gr.: nous = Geist) Dimension. Zur körperlichen gehören unser Zellgewebe, die Organe und ihre Funktionen. Zur seelischen zählen der emotionale, kognitive und soziale Bereich des Menschen. Das Charakteristikum der „psychophysischen Ebene“, die von diesen beiden Dimensionen aufgespannt wird, ist ihre geringe Beeinflussbarkeit durch Willensanstrengungen und ihre Manipulierbarkeit durch äußere oder innere Reize, also unsere relative Unfreiheit ihr gegenüber. Sie ist im Großen und Ganzen die Ebene, um deren Erforschung sich die Psychologie von Beginn an bemüht hat.

Frankl monierte, dass darüber die dritte, die geistige Dimension vernachlässigt worden sei; gerade sie sei aber seiner Ansicht nach die „spezifisch humane“ Dimension, die Menschsein als solches auszeichnet. Ein körperlicher Organismus eignet Pflanzen, Tieren und Menschen gleichermaßen. Eine Psyche mit Gefühlen, Denkprozessen und sozialen Verflechtungen findet sich bei Tieren in vereinfachten Maßen durchaus analog zum Menschen. Aber das geistige Moment tritt uns ausschließlich bei Menschen (aller Klassen und Rassen) entgegen. Es ist die Dimension der Lebenspläne und Lebensgestaltung, der Zielwahrnehmung und Willensvorgänge, der Empfänglichkeit für Sinnfragen, Ethos und religiöse Erfahrungen. Es ist die Dimension künstlerischer Intuition und wissenschaftlicher Inspiration, die Quelle jedweder kulturellen Entwicklung. Ihr Charakteristikum ist das Geschenk der Freiheit – und sei es nur die freie Einstellung zu unfreien Gegebenheiten – in Kombination mit der Bürde der Verantwortung, die allemal die Kehrseite der Freiheit ist.

Der dimensionale Ansatz ermöglicht es, das Paradoxon von Einheit und Ganzheit des Menschen trotz mannigfaltigen Seinsausprägungen zu verstehen, und in einem damit die Tatsache, dass jede höhere (= phylogenetisch jüngere) Dimension jede niedrigere (= phylogenetisch ältere) in sich einschließt. Wie eine geometrische Fläche die Existenz von Geraden, und ein geometrischer Raum die Existenz von Flächen und Geraden voraussetzt, bedarf das Vorhandensein einer Psyche des Körpers, und die Selbstäußerung des menschlichen Geistes eines Körpers und einer Psyche.

Die Logotherapie hat nun ihr Schwergewicht auf das Erkennen und Fördern der noetischen Fähigkeiten des Menschen gelegt. Sie weiß die geistigen Kräfte von Patienten zur Abheilung ihrer seelischen Wunden anzuzapfen – ein *absolutes Novum* in der Geschichte der Psychotherapie! Von daher wird klar, dass sie wie kaum eine andere humanwissenschaftliche Disziplin das geistige Potential des Menschen bis in seine höchste Höhe hinauf erkundet hat; sie avancierte zur „Höhenpsychologie" schlechthin.

Die Entdeckung geistiger Potentiale

Bei der Exploration der geistig/noetischen Dimension stieß *Frankl* auf zwei „fundamentalanthropologische Urphänomene", die wesentlich zum Gelingen menschlichen Lebens beitragen: *die Fähigkeit zur Selbstdistanzierung* und die *Fähigkeit zur Selbsttranszendenz.* Der Mensch kann aus sich selbst „heraussteigen", ja, sich selbst „übersteigen", wenn auch nicht räumlich, so doch ontologisch. Ein intelligenter Affe mag darüber nachdenken, wie er eine zu hoch hängende Banane in sein Maul befördert, aber er wird sich nicht den Kopf über die Entstehung des Weltalls zerbrechen. Die Banane „geht ihn etwas an", das Weltall tut das nicht. Im Unterschied dazu gehört es zur Eigenart des menschlichen Geistes, auch das Nicht-Selbstbezogene, Nicht-Ichhafte, Unabhängig-von-ihm-Existierende mit zugewandter Aufmerksamkeit betrachten zu können, indem er eine Plattform außerhalb des eigenen Standortes schafft, von der aus er entweder auf sich selbst zurückblickt – die Selbstdistanzierung – oder in die Um- und Außenwelt hinausblickt – die Selbsttranszendenz.

Kraft der Selbstdistanzierung steht es dem Menschen somit offen, innerlich von sich abzurücken, sich in eine gewisse Distanz zu sich selbst zu manövrieren, aus der heraus die ihn betreffenden Sachverhalte in neuem Lichte erscheinen. Kraft der Selbsttranszendenz wiederum kann es dem Menschen gelingen, jene ihn selbst betreffenden (und ggf. verlockenden) Belange ein wenig zurückzustellen, um sich an eine wichtige Aufgabe hinzugeben, die auf ihn wartet, oder um für andere Personen dazusein, die ihn brauchen. Beide Fähigkeiten befreien zu seelischem Fortschritt: wer sich von seinen Gefühlsirritationen distanzieren kann, ist ihnen nicht ausgeliefert, und wer an seinen Schwächen vorbei auf ein Ziel hinagieren kann, wird dafür stark.

Beispiele von Selbstdistanzierung finden sich bei jeder Form von innerer Zwiesprache. Ein Choleriker, der sich sagt: „Achtung, jetzt muss ich aufpassen, denn gerade bin ich im Begriff, übermäßig heftig zu reagieren", ist schon nicht mehr wirklich cholerisch. Ein Alkoholkranker, der eine Flasche Wein in den Mülleimer kippt und dabei murmelt: „Du würdest mich wohl gar zu gerne verleiten, was?", ist auf dem besten Weg, seiner Sucht zu entrinnen. *Beispiele von Selbsttranszendenz* finden sich bei jeder Überwindung egoistischer Motive. Eine junge Mutter, die abends nicht in die Diskothek tanzen geht, sondern bei ihrem Baby zu Hause bleibt, handelt selbsttranszendent. Ein Feuerwehrmann, der bei einer Brandkatastrophe im Nachbarort freiwillig Überstunden ableistet, obwohl er sehr müde ist, handelt ebenfalls selbsttranszendent.

Die Fähigkeit zur Selbstdistanzierung verhindert, dass der Mensch „sich von sich selbst alles gefallen läßt", also das Verharren in einem Ist-Zustand. Die Fähigkeit zur Selbsttranszendenz ermöglicht es dem Menschen, sich für etwas zu interessieren und zu engagieren, „das nicht wieder er selber ist", und dadurch hineinzuwachsen in einen Soll-Zustand. Beides sind geistige Widerstandspotentiale gegen das „Animalische" im Menschen, das dem Ist-Zustand zeitlebens verhaftet und dem Soll-Zustand entfremdet bliebe.

Frankl hat ferner an Hand vieler Krankengeschichten glaubhaft demonstriert, dass es sogar bei schweren psychischen und physischen Beeinträchtigungen ein Potential im Menschen gibt, das von dessen Krankheit nicht ausgelöscht wird; das im Prinzip überhaupt nicht krank werden kann. Es ist geistiger Natur und vermag sämtlichen Widerstand eines geistigen Wesens gegen seine Ausgeliefertheit an Kummer, Angst, Leid, Schwäche und Verstrickung in sich zu vereinen. *Frankl* nannte es die *Trotzmacht des Geistes.* Er hat gezeigt, dass, wo immer im ärztlich-seelsorgerlichen Bereich die Trotzmacht des Geistes bei einem Patienten aktiviert werden kann, die Krankheit ihren Stachel verliert, selbst dann, wenn sie unheilbar sein sollte. In der völligen Hilflosigkeit vermag sich ein

Mensch zuletzt noch die heroische Annahme und Akzeptanz seiner Hilflosigkeit abzutrotzen.

Die beschriebenen geistigen Potentiale der Selbstdistanzierung, Selbsttranszendenz und Trotzmacht des Geistes sind allerdings nicht bedingungslos verfügbar, und *Frankl* erkannte in genialer Hellsichtigkeit sehr früh, an welche existentielle Bedingung sie geknüpft sind: Sie blühen auf im Wissen um ein Wozu, um einen tieferen Sinn, der dem (Weiter-)Leben Wert und Inhalt verleiht, und sie verkümmern im Vakuum vermeintlicher Sinnlosigkeit.

Das Weltbild der Logotherapie

Was ist Sinn? Sinn ist nach logotherapeutischer Auffassung nicht simpel dasjenige, was Menschen subjektiv als wünschenswert, begehrlich oder zweckmäßig deklarieren, sondern besitzt die Qualität des „objektiv Guten in der Welt", ungeachtet dessen, ob ein irdisches Bewusstsein genügend entwickelt ist, es zu begreifen. Im Weltbild der Logotherapie ist die ganze Schöpfung voller Sinn, hat das Leben einen bedingungslosen Sinn, den es unter keinen Umständen verliert, und enthält jede einzelne Lebenssituation ihre besonderen Sinnchancen und -angebote. Als Pendant dazu ist der Mensch (als ein auch geistiges Wesen) über alle Triebdynamik hinaus beseelt von einem „Willen zum Sinn" und ausgestattet mit Mini-Antennen (den Fühlern seines Gewissens), den Mini-„Sinn des Augenblicks" in seinem Mini-Umfeld zu finden und zu erfüllen. Exakt jenes ihm arttypische Suchen und Streben nach Sinn beweist die – seiner Sehnsucht vorausliegende – Existenz von Sinn, wie der Durst das Vorhandensein von Wasser und das Auge das Vorhandensein von Licht implizieren.

Das Credo, dass das Leben unter allen Umständen sinnvoll bleibt, darf jedoch nicht falsch ausgelegt werden in Richtung eines vorschnellen Sichabfindens mit misslichen Umständen, die beseitigbar wären. Kein logotherapeutischer Berater würde dazu aufrufen, etwa dem Waldsterben geduldig zuzusehen und einen Sinn darin zu suchen. Noch würde er einem Patienten empfehlen, seine Arbeitslosigkeit als schicksalhaft anzuerkennen und die Hände resignativ in den Schoss zu legen im Vertrauen darauf, dass das Pausieren schon seinen Sinn haben wird. Im Gegenteil: Sinn ist stets der konkrete Ruf an eine konkrete Person, zu verbessern, was sie nur verbessern kann! Sinn ist „das jeweils eine, das not tut", das Not-wendige, das eben eine Not wendet.

Aber es gibt Krankheiten zum Tode; es gibt nicht-wiedergut-zumachendes Unrecht, entsetzliche Unglücksfälle oder von „kleinen Leutchen" nicht änderbare politische Strukturen. Diesbezüglich geht es nicht darum, mit verbogenen Argumenten zu behaupten, auch diese Schrecknisse seien irgendwie sinnvoll, sondern darum, überzeugend darzustellen, dass das Leben *wegen ihnen seinen Sinn nicht einbüßt.* Man kann nämlich selbst dem unabwendbaren Leiden noch einen Sinn abringen in der Art und Weise, wie man es trägt. Wo die Handlung aufhört, weil kein Handlungsspielraum mehr besteht, dort beginnt die Haltung; wo die Priorität der Beseitigung eines Übels ausgeschöpft ist, weil nichts mehr beseitigbar ist, dort kommt die Superiorität eines würdigen Ertragens dieses Übels zu ihrer edelsten Geltung.

Die Logotherapie stimuliert mithin keineswegs zur Passivität, aber sie macht – gelassen. Ist der Einzelne seiner Verantwortung aktiv nachgekommen, dann bleibt kein Platz mehr für Panik und Weltuntergangsstimmung, dann prallt die Angst vor den vielen denkbaren Katastrophen wirkungslos ab, denn aus dem erfüllten Sinn des Augenblicks ersprießt die Kraft für den je nächsten Augenblick des Daseins. Gewiss vermag diese logotherapeutische Weisheit manchen Schmerz der Welt zu lindern, doch das Hervorstechendste an ihr ist, dass sie auch noch verändern kann, wo Unveränderbares existiert: im Banne des Unveränderbaren ist der Mensch aufgerufen, sich selbst zu ändern.

Fünf Anwendungsgebiete

Frankl hat fünf Indikationsfelder definiert, die der angewandten Logotherapie bedürfen. Sie ergeben sich aus seinem Menschen- und Weltbild und seien im Folgenden überblicksmäßig skizziert.

1) Noogene Neurosen und Depressionen

Geistiges kann nicht erkranken. Da Geistiges jedoch auf Sinn hin angelegt ist, gerät der Mensch in existentielle Krisen, wenn er nicht sinnfündig wird. Seltsamerweise sind häufig Personen in positiven und finanziell gesicherten Lebensverhältnissen von derlei Sinnkrisen betroffen. Sie leiden an Überdruss, chronischer Langeweile, Ziel und Haltlosigkeit, weil ihr Leben an wohldosierter Spannung zwischen Sein und Soll („Noodynamik“) verloren hat. Die materiellen Güter, die sie besitzen, können die plötzlich empfundene Leere ihres Herzens nicht aufwiegen. Zuviel ist da, *wovon* sie leben dürfen, und zuwenig, *wofür* sich scheinbar zu leben lohnt. So flüchten sie in den Rausch pikanter und riskanter Abenteuer und aufpeitschender Exzesse – die neurotische Variante – oder sie erstarren in nihilistisch/zynischer Abstumpfung und Gleichgültigkeit – die depressive Variante. Modeworte wie „No-future-generation“, „Nullbock auf nichts“, „Midlifecrisis“, „Abstellgleis im Alter“ etc. charakterisieren diese Problematik prägnant.

Hier ist die Logotherapie ganz „in ihrem Element“, das heißt, *spezifische Therapie.* Verfügt sie doch über ein reiches Instrumentarium an Sinnentdeckungshilfen. Sie durchforstet die Vergangenheit des Patienten nach verschütteten Sinnspuren, die sich eventuell reaktivieren lassen: wann und bei welchen Gelegenheiten ist er innerlich voll bei einer Sache gewesen, von einer Aufgabe hingerissen und gepackt? Sie setzt Imaginationen und Visionen ein, die ihm bewusst machen, worum es wahrhaft schade wäre, wenn er es in Zukunft nicht verwirklichen würde. Sie arbeitet mit „Gesichtsfelderweiterungen“, die ihn motivieren, über den eigenen Tellerrand hinauszudenken und hinauszufühlen bzw. subjektive Bedeutungen in objektive Sinnzusammenhänge einzubetten. Dabei kann etwa einer unterforderten Mutter, die darüber klagt, wegen ihrer Kleinkinder ständig ans Haus gebunden zu sein, durch die Feststellung, dass es mehreren Müttern am Ort ähnlich ergehen mag – es sei denn, sie ließen sich gemeinsam eine Lösung einfallen! –, die sinnvolle Idee kommen, einen turnusmäßigen Babysitterdienst einzurichten, der allen Müttern wechselweise mehr Freizeit gewähren würde. Allein das Ersetzen einer nörglerischen Unzufriedenheit durch einen Ansporn der Phantasie, sowie der Verzicht auf destruktive Vorwurfshaltungen zugunsten konstruktiver Initiativen kann eine Kette von Sinnwahrnehmungen auslösen, die der noogenen Neurose/Depression bald jeglichen Boden entzieht.

2) Psychogene Neurosen und psychosomatische Erkrankungen

Die Variationsbreite psychischer Störungen ist riesig und dennoch besitzen sie eine gemeinsame Basis: fast immer lauert im Hintergrund die Angst. Fehlendes Urvertrauen und schwaches Selbstvertrauen suggerieren irrationale Negativerwartungen an „Gott und die Welt". Man werde verstoßen, beschämt, ausgelacht werden, man werde sich tödlich blamieren, man werde versagen, erkranken und elend zu Grunde gehen, ungeliebt, unwert, eine Beute des Nichts ... Durch den bekannten „selffulfilling prophecy"-Effekt spitzt sich das Drama vollends zu: Je öfter und stärker die Patienten negative und bedrohliche Ereignisse antizipieren, umso wahrscheinlicher treten solche auch ein, was die Angst der Patienten ins Gigantische hochjagt. Die Furcht, man könne kollabieren, schnürt einem die Kehle zu, und mit „abgeschnürter Kehle" ist man dem Kollaps nahe ...

Hierzu kann die Logotherapie unter Mobilisierung von Humor und geistigen Trotzkräften exzellente Auswege eröffnen. Die Patienten lernen, sich spielerisch von ihren Gefühlsverwirrungen zu distanzieren und ihren Negativerwartungen geradezu ins Gesicht zu lachen, indem sie sich die Drohmittel ihrer Ängste paradoxerweise innigst herbeiwünschen („Jetzt wollen wir einmal einen Kollaps nach dem anderen aus dem Ärmel schütteln!"). Obwohl diese (nicht minder irrationalen und dennoch keineswegs halbherzigen) Wünsche bloß kurzfristig produziert werden können, genügen sie, um die phobischen Kreisschlingen zu zerreißen, denn: herbeigewünscht – und das heißt: erwartungsangstfrei! – reduzieren sich die neurotischen Symptome, und ohne Symptome schrumpfen die Ängste hinweg. Das Vertrauen gewinnt an Raum.

Bei anderen angstgetönten Krankheitsformen wie Schlafstörungen, Sexualstörungen etc. wird der Akzent der therapeutischen Intervention vom Ironisieren auf das Ignorieren verschoben. Gibt es doch Symptome, die vorrangig deshalb nicht weichen wollen, weil ihnen übermäßige Aufmerksamkeit gewidmet wird. Die Kranken beobachten sich hinsichtlich ihrer Körperfunktionen oder ihres Wohlbefindens (manchmal auch ihrer Erfolge) fast zwanghaft; ihre Gedanken drehen sich ununterbrochen im Kreis um das Eine, das sie erzwingen möchten, das sich aber nicht erzwingen läßt. Mittels gezielter Ablenkung ihrer Aufmerksamkeit von den eigenen Bedürfnissen und Hinlenkung auf die Bedürftigkeit der Welt werden die Patienten behutsam aus ihrer Egozentrik gelöst und zu selbsttranszendenten Aktionen angeregt. Sie lernen, sich in der Kunst heilsamer Selbstvergessenheit einzuüben und sich mit Bravour ans Leben und dessen „Sinnanrufe" auszuliefern, wodurch sie als unangestrebten Nebeneffekt ihr Wohlbefinden zurückgewinnen.

Freilich wirkt und hilft Logotherapie auf dieser Methodenklaviatur eher als *unspezifische Therapie,* aber nicht nur. Wie recht hatte *Frankl,* als er bezüglich der vielen gängigen Hypothesen und Spekulationen zur Neurosenätiologie betonte:

„Der neurotische Mensch, aus irgendeinem psychophysischen Grunde unsicher geworden, bedarf zur Kompensation dieser seiner Unsicherheit des Haltes am Geistigen ganz besonders." Nun, wer installiert „geistige Haltegriffe", wenn nicht eine Psychotherapieform, in deren Zentrum der „Nous" – die unbeschädigbare Person des Menschen – und der „Logos" – die bedingungslose Sinnhaftigkeit der Welt – stehen?

3) Endogene Psychosen und unheilbare Krankheiten

Die Psychosen, zu denen endogene Depressionen, Manien und sämtliche Erkrankungen aus dem schizophrenen Formenkreis gehören, sind primär somatogen. Sie gehen auf Stoffwechsel- und Leitungsstörungen in bzw. zwischen den Neuronen des Gehirns zurück. Daher müssen sie auch primär medikamentös behandelt werden.

Das bedeutet allerdings nicht, dass eine Psychotherapie in ihrem Falle überflüssig wäre, insbesondere eine Psychotherapie „vom Geistigen her". Denn obwohl die Ursachen dieser Krankheiten im Körperlichen und ihre Auswirkungen im Seelisch-Psychischen liegen, also zwei Dimensionen des Menschseins affiziert sind, – die geistige Freiheit, zu den krankheitsbedingten Anfechtungen und Einschränkungen Stellung zu nehmen, sei es, im tapferen Widerstand, sei es im versöhnlichen Erdulden, ist oft noch vorhanden. So kann es z. B. in logotherapeutischen Begleitungen gelingen, einen Paranoiker zu motivieren, seinen halluzinierten Feinden zu vergeben, statt sie anzugreifen. Oder es kann gelingen, einen Melancholiker zu überzeugen, dass über den „Depressionswolken" seiner Gemütsverstimmung die Sonne der Lebensfreude glüht, zwar derzeit für ihn unsichtbar, aber existent und darauf wartend, dass die Wolken vorüberziehen werden, was sie noch jedesmal getan haben.

Bezüglich der Begleitung körperlich Behinderter, Schwerkranker und Sterbender hält die Logotherapie eine Fülle philosophischer Perspektiven parat, die sowohl der Vergangenheitsbewältigung (im Sinne eines Friedenschließens mit der eigenen Lebensgeschichte), als auch einer *Vergänglichkeitsbewältigung* (im Sinne eines Friedenschließens mit der Endlichkeit menschlichen Daseins) förderlich sind. Insbesondere *Frankls* Sichtweise, dass die Vergangenheit die „sicherste Form von Sein" ist, in die bis zuletzt Schätze an guten Gedanken, sinnvollen Taten und Werken der Liebe eingebracht werden können, hilft manchen Abschiedsschmerz zu überwinden. Ein schönes Zitat dazu lautet: „Im Vergangensein ist nichts unwiederbringlich verloren, vielmehr alles unverlierbar geborgen. Für gewöhnlich sieht der Mensch nur das Stoppelfeld der Vergänglichkeit; was er übersieht, sind die vollen Scheunen des Vergangenseins. Was immer wir getan und geschaffen haben, was immer wir erlebt und erfahren haben – wir haben es in diese Scheune hineingerettet, und nichts und niemand kann es jemals wieder aus der Welt schaffen" *(Frankl).*

Hier ist Logotherapie *ärztliche Seelsorge* in ihrer besten Gestalt.

4) Existentielle Frustration und Wertambivalenzen

Die Fragen: „Was soll ich tun?", „Was ist richtig, was falsch?", „Wofür soll ich mich entscheiden?", „Für welche Ziele soll ich mich einsetzen?" „Was ist mein Weg?" entspringen keiner gestörten Psyche, sondern einem wachen und mündigen Geist, der sich in einem akuten Suchprozess befindet. Leider kann man dabei auch ungeduldig werden, die „Flinte ins Korn werfen", steckenbleiben. Man kann sich von fremden Einflüsterungen leiten lassen und auf falsche Ratgeber horchen. Oder man kann vom eigenen „inneren Schweinehund" übertölpelt werden. Der Fragende, der Suchende weiß nicht mehr weiter, landet in einer Sackgasse, im Labyrinth, in der Hoffnungslosigkeit seiner Unentschlossenheit und zunehmenden Orientierungskrise.

Pluralistische Gesellschaften, rasche Traditionsbrüche und „wertfreie" Erziehungsexperimente machen insbesondere junge Menschen für die genannte Problematik anfällig. Dazu kommt, dass die Lebenskeimzelle „Familie" mit den Emanzipations- und Selbstverwirklichungstendenzen der Moderne kollidiert, was Wertunsicherheiten und Ambivalenzen in steigendem Maße erzeugt. Zur Stabilisierung hat *Frankl* Konzepte einer vorzüglichen Psychohygienekunde entwickelt, deren Kernstück die *Erziehung zur Verantwortung* bildet. Selbstverständlich enthält sich die Logotherapie jeglichen Moralisierens. Sie stärkt jedoch generell die Sensibilität und Prioritätsfühligkeit des persönlichen Gewissens, die Achtung und Ehrfurcht vor allem Lebendigen, die Begeisterung für Kultur und Natur. Sie führt „bis an die Schwelle des radikalen Erlebnisses der eigenen Verantwortlichkeit" und übergibt den Geführten dort seiner Herzensstimme (sapientia cordis), die im Suchprozess das „erlösende Wort" sprechen wird. Es gibt eben Worte, die wir uns nicht selber sagen können, die aber durch uns hindurchklingen – demjenigen vernehmbar, der still, bescheiden und hörsam ist.

Mithin kann die Logotherapie auch ein Stück *personale und existentielle Bildungsarbeit* jenseits des ärztlich-klinischen Einsatzbereichs leisten, sowie einen wesentlichen Beitrag zur Familienbejahung und -erhaltung.

5) Pathologie des Zeitgeistes und kollektive Neurosen

Jede Zeit hat ihre Chancen und ihre Nöte, und beides sieht in der Einschätzung durch spätere Generationen anders aus als es in Wirklichkeit war. Im Nachhinein kann man leicht reden ... In der Zeit, der man selbst angehört, drücken die Nöte meist stärker, als die Chancen beflügeln. Das ist auch heute, nach der Jahrtausendwende so. Eine Menge globaler Gefährdungen dünken uns übermächtig; die Chancen zur Eroberung einer menschenwürdigen Zukunft für alle Völker scheinen dagegen verschwindend gering zu sein.

Zwischen solchen epochalen Sorgen und gewissen pathologischen Zeitströmungen (den „kollektiven Neurosen") bestehen deutliche Zusammenhänge, was *Frankl* zu „seiner Zeit", um die Mitte des 20. Jahrhunderts, eindrucksvoll beschrieben hat. Seine Warnungen vor provisorischen Daseinshaltungen („Jetzt will ich das Leben genießen, hinter mir die Sintflut!"), fatalistischen Lebenseinstellungen („Auf mich kommt es sowieso nicht an!"), kollektivistisch-pauschalierendem Denken („Die blöden Ausländer!") und fanatischen Strebungen („Nieder mit den Feinden!") in breiten Bevölkerungsschichten haben bisher kaum an Aktualität verloren. Daher ist ihr „Heilmittel", das sich der Wissenschaftler *Frankl* nicht scheute, mit Namen auszusprechen, aktueller denn je. Es muss dem Materialismus und Nihilismus – auch in psychologischem oder soziologischem Gewande – entgegengetreten werden, wo immer er sich verbirgt, und zwar mit einem *umfassenden Sinnglauben.* Konkret: mit dem unerschütterlichen Glauben an uns selbst, an unsere Mitmenschen, an unsere Welt – an einen gütigen Gott. Das ist die einzige effiziente kollektive Krisenprävention, die es gibt. Wobei *Viktor E. Frankl* mit *Albert Einstein* übereinstimmte, der einst im „Princeton Theological Seminary" eingestanden hat: „Bloßes Denken kann uns nicht den Sinn der höchsten und fundamentalsten Zwecke enthüllen". Nein, das Denken versteht das Eigentliche und Wichtigste nicht, da hat es „blinde Flecken", was unsere technisch perfektionierte Industriegesellschaft längst schon merklich spürt. Der Glaube hingegen ahnt mehr, als der Verstand wissen kann.

In der Summe zeigt die Auflistung der fünf Anwendungsgebiete, dass die Logotherapie eine „Grenzgängerin" ist. Sie bewegt sich im Grenzgebiet zwischen Medizin und Philosophie, Psychotherapie und Religion. Dies macht sie doppelt angreifbar: seitens knallharter Empiriker und seitens engstirniger Dogmatiker. Aber es macht sie zugleich so liebenswert: in ihr finden sich die Menschen wieder.

Denn wir Menschen sind nun einmal „hüben und drüben" daheim.

Nicht „von“, sondern „zu“ – die seltsame Freiheit des Menschen

Immer ist jetzt die beste Stunde.
(Paul Claudel)

Eine berühmte Aussage von *Viktor E. Frankl* lautet: „Der Mensch ist nicht frei von seinen Bedingungen, sondern frei, zu ihnen Stellung zu nehmen“.

Fragen wir uns: Gibt es wirklich keine *Freiheit von?* Natürlich gibt es sie und wenn sie eine *Freiheit* von Unannehmlichkeiten, Sorgen und Plagen ist, dann ist sie ein herrliches Geschenk. Man kann zu einem bestimmten Zeitpunkt *frei* sein *von* Krankheiten, finanziellen Nöten, beruflichem Stress, äußeren Sachzwängen oder inneren Ängsten und Komplexen. *Frankl* hat diese *Freiheit von* auch gesehen und als Glück bezeichnet: „Glück ist, was einem erspart bleibt.“ Das ist eine sehr weise Definition von Glück! Allerdings gilt, dass jemand, der in dieser Hinsicht Glück hat (also *frei von* irgendwelchen Bedrängnissen ist), deswegen nicht glücklich sein muss. Es gehört zur Widersprüchlichkeit der menschlichen Natur, dass man das Glück, das man hat, oft nicht oder kaum schätzt, das heißt: abwertet, während man das Glück, das man ersehnt, überbewertet. Jedenfalls ist festzustellen, dass die *Freiheit von* schlechten Bedingungen eher Geschenk und Glückcharakter hat, ob dieser wahrgenommen wird oder nicht. Hier setzt dann schon die *Freiheit zu* an, etwa diese *Freiheit von* schlechten Bedingungen wertzuschätzen, für sie dankbar zu sein, oder sie als selbstverständlich zu betrachten, so als gäbe es einen irrationalen Anspruch darauf.

Wir sehen: die *Freiheit zu* erhebt sich nicht nur auf dem Boden der *Unfreiheit,* indem man zu vorfindlichen Bedingungen – notfalls auch zu üblen Bedingungen – unterschiedlich Stellung nehmen kann, sondern auch auf dem Boden der *Freiheit von* irgendwelchen – sogar üblen – Bedingungen. Unglück und Glück sind gleichermaßen der Humus, auf dem die *Freiheit zu* wächst. Das Gemeinsame von *Unfreiheit* und *Freiheit von* ist sozusagen die schicksalhafte Komponente (was einem erspart bleibt und was einem nicht erspart bleibt), während die *Freiheit zu* das selbstgeschaffene Moment ist; die eigene Antwort der Person auf all ihre Schicksalsfaktoren.

Soweit das *Franklsche* Gedankengut. Betrachten wir nun einige Spezialaspekte dieser menschlichen *Freiheit* zu aus dem Blickwinkel der psychotherapeutischen Praxis. Wie ergeht es den Menschen mit dieser ihrer seltsamen Freiheit? Und wie können wir ihnen zu einem noch besseren „Ergehen“ verhelfen?

Das mangelnde Freiheitsbewusstsein

Im Regelfall leben viele Menschen sinnvoll und registrieren es nicht. Warum nicht? Weil sie ihr Leben in weiten Strecken als unfrei deklarieren und ihr Handeln als ein Müssen unter Zwang hinstellen. Sie sagen z. B.: „Ich muss jeden Tag um 6 Uhr früh aufstehen und zur Arbeit fahren.“ Genaugenommen müssen sie das nicht. Sie können sich eine andere Arbeit suchen, die später beginnt. Sie können sich als arbeitslos melden und von Sozialunterstützung leben. Sie können künftig unter den Brücken schlafen, usf. Das *wollen* sie aber nicht, deshalb *wollen* sie lieber ihre Arbeit behalten und morgens um 6 Uhr früh aufstehen. Unter den Wahlmöglichkeiten, die sie haben, möchten sie durchaus wählen, was sie wählen.

Zwei weitere Beispiele

1. Eine Mutter sagte zu mir: „Ich muss mit meinem Sohn täglich Mathematik üben ... Ich kann ihn doch in der Schule nicht hängen lassen."
2. Eine andere Mutter sagte zu mir: „Ich muss meiner kleinen Tochter abends immer eine Geschichte vorlesen ..."

Selbstverständlich haben beide Mütter alternative Möglichkeiten.

Mutter Nr. 1 könnte ihren Sohn zum Nachhilfeunterricht schicken, umschulen, sich selbst überlassen; sie kann seine Schulprobleme überbeachten oder ignorieren, ganz wie sie will. Auch Mutter Nr. 2 könnte die Gute-Nacht-Geschichten für ihre Tochter jederzeit stoppen und ihr stattdessen eine Märchenkassette anbieten oder gar nichts. Die angesprochenen Tätigkeiten basieren auf keinem Müssen, sondern werden in Freiwilligkeit mit einem klar bewussten *Sinngrund* ausgeführt. Beide Frauen wissen, warum sie tun, was sie tun, und wollen es so und nicht anders.

Die Fehldeklaration des eigenen Handelns als *unfrei* hat eine ernste Konsequenz. Dadurch geht im Bewusstsein die *persönliche Leistung* unter, die nur freiwilligem sinnvollen Leben anhaftet. Nur wenn eine Mutter ihren Sohn in der Schule „hängen lassen" könnte, ist es eine Leistung, wenn sie es *nicht* tut. Nur wenn eine Mutter ein liebevolles Abendritual verweigern könnte, ist es ihr Verdienst, wenn sie es durchhält. Wer sich vermeintlich unter ein ständiges Müssen oder Nicht-anders-Können stellt und dann sinnvoll handelt, spricht sich selbst jede Anerkennung seiner sinnvollen Entscheidungen ab, weil er sie ja gar nicht als Entscheidungen wahrnimmt. Scheinbar von Sachzwängen getrieben marschiert er durch das Leben – und honoriert das Seine nicht.

Wie oft wird in der Psychotherapie gefordert, dass sich der Mensch selbst lieben soll, und dass er über ein starkes Selbstbewusstsein und Selbstwertgefühl verfügen soll. Aber dies alles lässt sich im Bilde der Unfreiheit nicht aufbauen. Einzig und allein der Mensch, der weiß, dass er eine Wahl hat, klopft sich auf die Schulter, wenn er Positives, Kreatives oder ethisch Wertvolles gewählt hat. Der Sklave seiner Umstände lobt sich nicht.

Welches Fazit ist daraus für die psychotherapeutische Praxis zu ziehen? Menschen sprechen, wie sie denken, und denken, wie sie sprechen. Folglich sollten wir unsere Patienten und Klienten schulen, zu sagen:

„Ich will" (morgens aufstehen und zur Arbeit gehen),

„Ich halte es für richtig" (mit meinem Sohn Mathematik zu üben),

„Ich tue es, weil" (ich meiner Tochter eine Freude bereiten möchte), u. ä.

Freiwilligkeit und persönliche Leistung sind im Bewusstsein miteinander zu verankern! Das macht das Leben der Menschen wesentlich erträglicher und sie selbst mit sich zufriedener.

Diese Verankerung hat noch einen weiteren Vorteil. Wenn man mehr vom Wollen als vom Müssen spricht, reduziert sich die Gefahr, dass man etwas tut, das man *nicht* für sinnvoll hält (z. B. aus Angst, Harmoniebedürfnis, Trägheit oder Wut) und wiederum behauptet, man müsse es tun.

Ein Beispiel

Jemand ist zu gutmütig und läßt sich leicht ausnützen, weil er ständig Angst hat, Zuwendung zu verlieren. Für viele seiner Dienste im Bekanntenkreis ist kein echter Sinngrund vorhanden.

Sagte er bisher: „Wenn meine Kollegin verreist ist, muss ich ihre Katze und ihre Zierfische füttern und ihre Blumen gießen. Ich bin dann ans Haus gebunden und kann nicht wegfahren“, soll er jetzt lernen zu sagen: „Wenn meine Kollegin verreist ist, bin ich bereit, ihre Tiere zu füttern ...“ Die veränderte Ausdrucksform stellt die Frage „Bin ich bereit?“ deutlicher vor seine Augen, bzw. macht ihm die Unechtheit klar, wenn er innerlich *nicht* dazu bereit ist. Die Wahlsituation, die in Wirklichkeit gegeben ist (schließlich kann man Ja oder Nein sagen), tritt in den Vordergrund, was Menschen hilft, sich bewusster zu entscheiden.

Ein anderes Beispiel

Jemand lernt zu sagen: „Wenn ich barsch angeredet werde, möchte ich auch barsch zurückbeißen.“ Das Wort „möchte“ erzeugt eine gewisse Spannung zwischen dem, was der Betreffende tut und dem, was er vielleicht tatsächlich möchte; und legt ihm wiederum nahe, dass er eine Wahl hat – auch die Wahl von denkbaren Alternativen.

Freiwilligkeit und persönliche Fehlentscheidung sind also ebenso im Bewusstsein miteinander zu verknüpfen! Dies motiviert zu Entscheidungskorrekturen oder zumindest dazu, dass Menschen ihre Entscheidungen sorgfältiger überdenken.

Ein Beispiel aus der logotherapeutischen Praxis

Eine 17-Jährige warf sich vor eine U-Bahn. Der Zugführer konnte rechtzeitig bremsen, wodurch die junge Frau wie durch ein Wunder mit Hautabschürfungen davonkam. Sie wurde in eine Nervenklinik gebracht und nach ein paar Tagen zur psychotherapeutischen Nachsorge entlassen. Dem Therapeuten, einem Logotherapeuten, erklärte sie, dass ihre Eltern gerade in Scheidung begriffen seien, was ihr absolut nicht passe. Der Satz fiel: „Ich musste doch dagegen protestieren!"

Die Verleitung ist hier groß, einfach zu antworten: „Aha. Ich verstehe." Das Tatmotiv ist gefunden. Doch in der Logotherapie wird der Akzent eher entdeckend als aufdeckend gesetzt; und Neues *entdecken* kann man nur im jeweils vorhandenen Freiraum der Person.

Deshalb antwortete der Logotherapeut, bei dem die 17-Jährige saß, etwa folgendermaßen: „Schön, Sie wollen protestieren. Nun gibt es diverse Arten von Protest, konstruktive und destruktive. Ganze Kriege wurden aus Protest geführt, aber auch phantastische Reformen und Erfindungen entstammen ursprünglich Protesthaltungen. Überlegen wir: wie können Sie unterschiedlich gegen das Scheitern der Ehe Ihrer Eltern protestieren?"

Vieles kam zur Sprache:

- Sie kann die Eltern umbringen und deswegen ins Gefängnis wandern,
- sie kann sich selbst umbringen, um die Eltern zu strafen (was sie fast in die Tat umgesetzt hätte),
- sie kann die Eltern über ihre Verzweiflung informieren,
- sie kann den Eltern einen Brief schreiben und darin ihr Bedauern ausdrücken,
- sie kann die Querelen der Eltern ignorieren und sich ihrer eigenen Zukunft zuwenden,
- sie kann bei einer Familienberatungsstelle Rat einholen,
- sie kann sich mit Gleichaltrigen austauschen,
- sie kann eine Trekkingtour buchen, um auf andere Gedanken zu kommen ...

Beim Wort „Trekkingtour“ horchte die junge Frau auf. Oh ja, eine Trekkingtour habe sie schon lange unternehmen wollen, aber ihre Eltern seien stets dagegen gewesen. Doch seit dem Suizidversuch wollten ihre Eltern alles tun, um ihr zu helfen. Eine Trekkingtour – das klinge interessant! Der Therapeut hakte nach. Wo könne eine solche stattfinden? Wie wäre sie zu planen? Im Laufe des Gesprächs kristallisierte sich heraus, dass es an der dalmatinischen Küste Angebote von begleiteten Trekkingtouren gibt, die über zerklüftete Berglandschaften ohne Wege und Schutzhütten führen und den Reisenden die Grenzen ihrer Kräfte, aber auch die Geheimnisse der wilden, unberührten Natur offenbaren.

Schließlich fragte der Therapeut die junge Frau: „Welcher Satz ist nun besser, der Satz: 'Ich möchte gegen die drohende Scheidung meiner Eltern protestieren, indem ich mich umbringe' oder der Satz: 'Ich möchte gegen die drohende Scheidung meiner Eltern protestieren, indem ich eine Trekkingtour an der dalmatinischen Küste buche'?" Sie lachte. „Der zweite Satz ist unvergleichlich besser!" „Gut," nickte der Therapeut mit warnendem Blick, „aber wählen Sie das nächste Mal gleich das Bessere! *Wählen Sie!* Man bekommt nicht immer eine zweite Chance zur Wahl ..."

Die Fehleinschätzung der Situation

Wir sind bisher zweimal auf ein Phänomen gestoßen, das man „Fehleinschätzung der Situation" nennen könnte. Einmal bei der *Freiheit von* Sorgen, Nöten und Ärgernissen. Wir stellten fest: sie garantiert kein Glücklichsein. Allzu schnell wird sie irrtümlich für selbstverständlich gehalten. Doch ist bekanntlich nichts selbstverständlich. Diese himmlische *Freiheit von* Leid ist ein flüchtiges, passageres Geschenk, und wer das nicht weiß, lernt es irgendwann auf bittere Art.

Ein zweites Mal sind wir auf markante Fehleinschätzungen der Situation gestoßen, und zwar bei denjenigen Menschen, die sich selbst andauernd als unfrei und von den gegebenen Umständen gegängelt fühlen. Sie verkennen die Wahl, die sie dennoch haben, und identifizieren sich im Extremfall mit wehrlosen, in die Enge getriebenen Tieren.

Nun ist Realitätsverkennung in der gesamten Evolution ein negatives Selektionskriterium. Pflanzen, die im Frühjahr zu früh ihre Knospen öffnen, weil sie „glauben", der Winter sei bereits vorüber, erfrieren in den letzten Frösten. Vögel, die ihre Eier in wackelige Nester legen, weil sie die Kraft des Sturms unterschätzen, verlieren ihre Brut. Leoparden, die eine Felsenkluft für schmäler halten als sie ist, landen beim Übersprung im Abgrund. Lebewesen, die sich in der Anpassung an ihre Situation irren, bestraft die Natur mit Sterben und Aussterben. Sie kommen auf die Abschussliste der Evolution.

Für den Menschen gilt das gleiche Prinzip. Nur ist er freier als alle anderen Lebewesen und dadurch noch fähiger, falsche Wahlen zu treffen, so merkwürdig uns dies dünken mag. Die animalischen Instinkte sagen ihm nicht mehr, was er tun *muss,* die alten Traditionen nicht mehr, was er tun *soll,* und am Ende weiß er nicht mehr recht, was er überhaupt *will* ..., pflegte *Frankl* wortspielerisch zu erläutern. Man könnte auch ergänzen: Der Mensch ist ziemlich allein auf sich gestellt, seine jeweilige Situation richtig einzuschätzen; heute mehr denn je! Kann man militärisch Frieden schaffen? Ist die Genmanipulation ein Heilungsweg? Darf der Mensch über Geburt und Tod bestimmen, und bei wem? Fragen über Fragen türmen sich in unserem elektronischen Zeitalter auf, und so wenig gesicherte Richtlinien gibt es für Antworten. Eine Verkennung unserer gesamtmenschlichen Lage wäre genauso gefährlich wie beim Einzelindividuum.

Kehren wir zur psychotherapeutischen Praxis zurück. Wir sollten unsere Patienten und Klienten anleiten, sich um das Wichtige zu kümmern und nicht um das Unwichtige; das Richtige zu fürchten und nicht das Falsche; das Echte zu suchen und nicht die Blendung durch Unechtes. Je weniger sie eine Situation verkennen, desto sinnvoller werden sie in ihren Freiräumen handeln.

Mein Mann und ich fuhren einst auf einer Reise über eine kurvenreiche Alpenstraße. Vier Autos vor uns blieb ein Autofahrer mitten in einer unübersichtlichen Kurve stehen und bewegte sich nicht mehr weiter. Es war heiß, und bald riss einem Autofahrer vor uns die Geduld. Er beugte sich aus seinem Fenster und brüllte in Richtung des stehengebliebenen Wagens: „Wenn du nicht fahren kannst, besuch' die Fahrschule!" Andere stimmten ein Hupkonzert an. Sämtlicher Ärger ergoss sich über den Lenker des stehengebliebenen Wagens. Allmählich stiegen einige Leute aus und rannten gestikulierend zur Kurve nach vorne. Nach einer Weile kamen sie mit ernsten Gesichtern zurück. Hinter der Kurve lag ein Lastentransporter mit gebrochener Achse quer über der Straße, und es war nur der Geistesgegenwart jenes rechtzeitig stehengebliebenen Autofahrers vier Wagen vor uns zu danken, dass wir nicht alle in einen Auffahrunfall verwickelt worden waren. Die Fehleinschätzung der Situation hatte die Leute völlig überflüssigerweise zum Brüllen und Schimpfen gebracht. (Im übrigen hat eine Verkennung der Realität schon zu Galileis Zeiten für unnötige Aggressionen gesorgt.)

Analog geht es z. B. angstkranken Menschen. Wegen lächerlicher Bedrohungen geraten sie in Panik. Das Handtuch im Hotel könnte nicht sauber genug gewaschen sein. Die eigene Schlappheit am Nachmittag könnte Vorbote eines Herzinfarktes sein usw. Aber die eigentliche Bedrohung erkennen sie nicht, nämlich die Gefahr, dass ihr Leben vor lauter Vermeidenwollen von irgendwelchen Unannehmlichkeiten ausblutet, eng wird, leer wird, an Schwung und Würze verliert und sich am Ende nur noch um eingebildete Nichtigkeiten dreht. *Das* ist die Gefahr, in der sie sich befinden, und die sitzt nicht im Handtuch und nicht in der Schlappheit.

Ähnlich verkennen diejenigen die Sachlage, die sich ständig nach der Meinung anderer Leute richten bzw. vor den anderen gut dastehen wollen. Was nützt aller Glanz, wenn er bloß Heuchelei ist? Was nützt die bunte Fassade an dem brüchigen Haus? Und umgekehrt: Was schadet es einem Schatz, wenn er im Verborgenen ruht? Gerade das Noble zeigt sich oft in bescheidenem Gewand. In Wahrheit ist es unerheblich, was irgendjemand von einem denkt. Was zählt, ist das echte Sein, die echte Qualität gelebten Lebens; sonst nichts.

Hier wiederum ein Beispiel aus der logotherapeutischen Praxis

Eine Mutter berichtete mir, sie habe ein furchtbares Telefongespräch mit ihrer erwachsenen, in den USA studierenden Tochter geführt. Die Tochter hatte ihr mitgeteilt, dass sie ihr Studium abbrechen und einen Popmusiker heiraten werde. Diese Doppelmitteilung hatte die Mutter zutiefst schockiert. Sie hatte sogleich den völligen Ruin ihrer Tochter vorausgesehen und ihr entsprechend schlimme Vorwürfe gemacht: Wie könne sie so leichtfertig ihre Karriere verpatzen und sich mit einem zwielichtigen Mann einlassen? Wisse sie denn nicht, dass die meisten Popmusiker drogensüchtig seien? Die Tochter habe den Hörer auf die Gabel geknallt und sich seither nicht mehr gemeldet. Die Mutter schilderte mir ihre immense Angst um die Tochter, von der sie sich total missverstanden fühlte.

Was war zu tun? Ich bot ihr folgende Überlegung an: Niemand könne vorhersehen, ob es ihrer Tochter in dem neugewählten Lebensabschnitt gut oder schlecht gehen werde. Wird ihre Tochter zufrieden sein, ist das wunderbar – auch für die Mutter. Wird die Tochter unglücklich werden, ist es wichtig, dass sie einen Zufluchtsort besitzt, sozusagen einen sozialen Rettungsring, an den sie sich klammern kann. Nun fragte ich die Mutter nach ihrer Einschätzung der Situation. Wird die Tochter, sollte ihre Ehe tatsächlich zu kriseln beginnen, reumütig zur Mutter flüchten, wenn die Mutter zuvor gegen diese Heirat gewettert hat? Niemals, lautete die Antwort, die Tochter wird zu stolz dazu sein. Sie wird einen ‚Siehst-du,-ich-habe-recht-gehabt!-Kommentar' der Mutter fürchten. Ich wiederholte: Wird die Tochter der Mutter ihre innersten Sorgen anvertrauen, wenn sie zuvor im Krach von ihr geschieden ist? Nein, lautete die Antwort, sie wird kein Vertrauen zum mütterlichen Einfühlungsvermögen mehr haben.

Was war also wichtig? Dass die Mutter – gerade wenn sie Negatives erwartete! – in einem herzlichen Kontakt mit der Tochter verblieb und signalisierte: „Mein Ohr und meine Türe sind stets für dich offen."

Nach dieser Intervention rief die Mutter bei ihrer Tochter in Amerika an, entschuldigte sich für die Einmischung in deren Angelegenheiten und gratulierte zur bevorstehenden Hochzeit. Die Tochter reagierte versöhnlich, und das freundliche Verhältnis zwischen den beiden war wieder hergestellt. Inzwischen habe ich erfahren, dass die Tochter entgegen ihrem Erstimpuls doch weiterstudiert, und dass ihre Ehe bislang intakt ist.

Fazit: Die *Freiheit zu* entspringt auf schicksalhaftem Boden und mündet dort in sinnvolle Bahnen ein, wo die Realität angemessen eingeschätzt wird. Ein bisschen Nachhilfe in dieser Hinsicht ist (außer beim Vorliegen von Psychosen mit ihrem wahnbedingten Realitätsverlust) eine zentrale Aufgabe der Psychotherapie.

Die unerträglich große *Freiheit zu*

Manche Neurobiologen bezweifeln heutzutage, dass die *Freiheit zu* für eindeutige Willensentscheidungen hinreicht. Sie lokalisieren das Problem in der Limitierung der menschlichen Freiheit. Paradoxerweise zeigt sich aber, dass das Problem durchaus seine Umkehrseite hat. Eine sehr große *Freiheit zu,* vielleicht sogar *Freiheit von und zu* bildet eher ein Hemmnis für ihre Ausschöpfung. Wieso, wissen wir nicht. Es ist möglich, dass der Mensch in seinem gegenwärtigen Entwicklungsstand nicht reif genug dafür ist, ähnlich wie ein fünfjähriges Kind nicht damit umgehen könnte, wenn man ihm alles erlauben würde, was es will. Die ganz große Freiheit, etwa durch Freistellung von Sachzwängen und Bereitstellung reichlicher Ressourcen, auch Zeitressourcen, nimmt schnell die Züge eines „existentiellen Vakuums" *(Frankl)* an. Wie bei vielem scheint es auch in Bezug auf die Freiheit eine gesunde Mitte zu geben, die dem Menschen förderlich ist, während ein Zuviel oder Zuwenig Stress erzeugt. Und noch etwas: die große/allzu große Freiheit sieht (von außen betrachtet) verführerisch sonnig und begehrenswert aus. Steckt man aber in ihr drinnen, steigt aus ihr ein blockierender Nebel auf, aus dem es gar nicht so leicht ist, sich zu einer klareren Sicht und Zielperspektive herauszustrampeln. Man steht wie auf einem Bergplateau, auf dem man in jede Richtung weiterwandern kann; vom Nebel umwallt bewegt man sich in keine einzige.

Das Faktum, dass die Chancen der zu großen Freiheit von außen besser als von innen wahrgenommen werden, nützen wir logotherapeutisch bei der Behandlung der noogenen Neurosen und Depressionen, indem wir unseren Außenblick auf die sonnige Konsistenz der großen Freiheit den im Nebel befindlichen Patienten „leihen", und sie dadurch aus dem Vakuum herauszulotsen versuchen. Dabei sollten wir auch nicht zögerlich sein. Im Rahmen von Supervisionsgesprächen fiel mir manchmal auf, dass Supervisanden bei der Behandlung von noogen kranken Patienten zu zaghaft und zurückhaltend waren.

Aber gerade diese Behandlung ist spezifisch logotherapeutische Methodik, ist sozusagen ein „Heimspiel" des *Franklschen* Ansatzes. Da gehört Lebendigkeit hinein, ein Vorpreschen – nicht an Ratschlägen, sondern an Interesse beim Therapeuten, das zum Patienten hinüberschwingt.

Ein Beispiel aus meiner Supervisorentätigkeit

Eine 63-jährige Patientin hat ihren Mann bis zu seinem Tod vor einigen Jahren gepflegt. Ihre leicht behinderte Tochter ist weitgehend stabilisiert und kann mit ein wenig fachlicher Betreuung selbständig leben. Die Patientin ist aus der Berufstätigkeit ausgeschieden und lebt allein. Sie ist frustriert, lustlos; ihr Lebenspuls stagniert. Nachdem ihr Kater altersbedingt gestorben ist, will sie kein Haustier mehr haben, weiß aber auch nicht, was sie sonst will. Am liebsten „einschlafen", erklärt sie, hat aber Angst vor Leiden und Siechtum. Eine endogene Depression kann bei ihr medizinisch ausgeschlossen werden, somit heisst die Diagnose: noogene Depression.

Die zu supervidierende Therapeutin berichtete von folgendem Dialog:

Th.: Können Sie sich an alte Wünsche erinnern, die Sie früher einmal gehabt haben, und sich damals nicht haben erfüllen können?

(Dieser Start ist in Ordnung. Man sucht in der Vergangenheit des Patienten nach alten, verschütteten „Sinnspuren", die vielleicht reaktiviert werden könnten.)

Pat.: Ja, früher wäre ich gerne gereist. Aber heute habe ich keine Lust mehr dazu.
Th.: Wie schade! Können Sie sich noch an einen anderen Wunsch erinnern?
Pat.: Na ja, einmal habe ich gedacht, ich könnte probieren, ein Bild zu malen. Aber wissen Sie, ich traue mir das nicht zu.
Th.: Wirklich nicht? Das Bild muss doch niemandem gefallen.
Pat.: Trotzdem nicht.
Th.: Stellen Sie sich vor, Sie seien schon 80 Jahre alt und blicken zurück auf die letzten 20 Jahre, also auf Ihren Lebensabschnitt zwischen 60 und 80 Jahren. Was hätten Sie gerne, dass Sie darin finden würden, von dem Sie sagen könnten: „Das war das Beste in den letzten 20 Jahren"?

(Diese Fragetechnik ist ebenfalls genuin logotherapeutisch. Man geleitet den Patienten imaginativ in seine Zukunft und blickt mit ihm daraus zurück auf die Gegenwart, die dann bereits zur Vergangenheit geworden ist. Die gegenwärtigen Wichtigkeiten haben, aus der Zukunft betrachtet, eine schärfere, d. h. der Lebensgesamtheit angepasstere Optik.)

Pat.: Am liebsten würde ich auf ein Enkelkind zurückschauen. Aber meine behinderte Tochter ist nicht familienfähig, deshalb werde ich nie ein Enkelkind bekommen.
Th.: Das ist wohl nicht zu ändern, und Unabänderliches muss angenommen und getragen werden.
Pat.: Ja, das weiß ich. Leider.

An dieser Stelle steckte der Dialog fest.

Ein solches Gespräch ist ineffizient. Die beiden Gesprächspartner sind aus der großen *Freiheit zu,* die diese 63-jährige Patientin de facto hat, in der lähmenden Unfreiheit gelandet: sie hat keine Lust, sie traut sich nichts zu, Unabänderliches umgibt sie, alles ist traurig und leer. Dafür braucht sie keinen Therapeuten an ihrer Seite ...

Analysieren wir das obige Gespräch. Die Patientin hat drei Hinweise auf Wertbezüge gegeben, und schon ein Hinweis wäre ein kostbarer Aufhänger gewesen, in den die Therapeutin ihr Interesse hätte einklinken können. Bei jedem, selbst dem einfachsten Hinweis auf einen Wertbezug sollte der Logotherapeut eine aufkeimende Begeisterung in sich verspüren und sie in mitreißender Vitalität versprühen. Begeisterung (ein Wort, in dem der „Geist" wohnt) steckt an.

Das Stichwort „Reisen" zum Beispiel, das die Patientin erwähnt hat, öffnet das Tor zu vielen Rückfragen:

- Welche Art von Reisen hat sie sich einst erträumt (Einzel-, Gruppenreisen, solo oder mit bestimmten Reisegefährten)?
- In welche Länder, Landschaften, Klimazonen (ans Meer, in die Berge, ins Flachland, in Waldgegenden, in Blumen- oder Vogelparadiese)?

- Wollte sie mehr Natur oder Kultur (Besichtigung von Bauten, Denkmälern, malerischen Häfen, abgelegenen Orten oder eher Bummel durch Großstädte mit Palästen, Kirchen, Konzerten, Kaufhäusern)?
- Wünschte sie sich Abenteuerreisen (Kreuzschifffahrt, Polarmeer, Safari) oder entspannende Erholung (Wellness-Programm, Verwöhnt-werden im Kurhotel, am Strand liegen)?
- Wollte sie fremde Völker kennenlernen, deren Spezialitäten, Gesänge, wollte sie Kontakt mit den Einheimischen finden oder ihre Heimatkunde auf bekanntem Terrain vertiefen?
- Hätte sie es bevorzugt, mit dem Auto zu fahren, um beweglich zu sein, oder die Bequemlichkeit der Bahn auszunützen? Lägen ihr Flüge, Busfahrten, lange, kurze Reisen, Reisen zu bestimmten Jahreszeiten (wenn wenige Touristen unterwegs sind, in warme Lander zur Winterszeit)?
- Liebt sie es, zu fotografieren, Sprachen einzuüben, Andenken zu sammeln ...

Die Aussage der Patientin, sie habe keine Lust mehr, wird eher vernachlässigt. Es geht darum, was ihr *damals,* als sie jenen „Reisetraum" gehegt hat, vorgeschwebt ist. Sie wird angeleitet, in sich hineinzulauschen: was waren ihre Präferenzen, ihre Neigungen und Sehnsüchte, was passt zu ihr? Die alten Visionen erwachen wieder, die Lust auf Reisen wird genährt. Vielleicht entsteht aus der glosenden Asche noch einmal ein lustiges Feuerchen.

Analog ist beim Stichwort „Malen" zu verfahren. Es wäre ein therapeutischer Kunstfehler, sich darauf zu stürzen, dass die Patientin es sich nicht zutraut. Freilich ist jeder Psychologe getrimmt, daraus auf ein schwaches Selbstwertgefühl zu schließen, aber dergleichen ist sekundär. Primär ist, dass ihr irgendwann die Idee eingefallen ist, sie könnte ein Bild malen:

- Wie kam diese Idee auf? Bei welcher Gelegenheit, wodurch angeregt? (War die Patientin in einer Ausstellung, hat sie ein hübsches Gemälde gesehen? Hat jemand davon erzählt?)
- Welche Art von Bildern spricht sie an (gegenständliche, abstrakte, große/wuchtige oder zarte/zierliche Bilder)?
- Interessiert sie sich für Aquarelle, Ölmalereien, Collagen, Skulpturen, Zeichnungen? Für Farben, Formen, Tönungen, Schattierungen?
- Was würde sie gerne malen, wenn sie es sich zutrauen würde (Bilder nach der Natur, nach Vorlagen, nach Postkarten, nach inneren Stimmungen)?
- Was würde sie mit den eigenproduzierten Bildern anfangen (ihre Wohnung schmücken, an Freundinnen austeilen, bei Festen verlosen)?
- Wäre ihr wohler, allein zu malen (sich daheim eine gemütliche Malecke einzurichten) oder in einer Gruppe zu malen (einen Malkurs zu belegen)?
- Wo könnte sie sich Anregungen holen (in Museen, Bildbänden, beim Studium der Lebenswege von Künstlern, in Ateliers)?

Wiederum steigt die Wahrscheinlichkeit, dass die Patientin von diesen Überlegungen nicht ganz unberührt bleibt. Wissen wir doch, dass es wesentlich leichter ist, an alte (verschüttete) Wertbezüge anzudocken, als neue aus dem Nichts zu holen.

Ähnlich chancenträchtig ist das Stichwort „Enkelkind". Im Fall der 63-jährigen Patientin liegt keine Indikation vor, das Tragenmüssen eines unabänderlichen Schicksals zu unterstreichen. Etwas anderes ist aufzugreifen: sie würde gerne als 80-Jährige auf eine Zeit zurückblicken, in der sie sich mit einem Kind beschäftigt hat.

- Mit einem Baby (schaukeln, füttern, spazieren fahren)?
- Mit einem Vorschulkind (spielen, singen, basteln, malen)?
- Mit einem Schulkind (Aufgaben überwachen, den Zoo besuchen, gemeinsam kochen, schwimmen gehen)?
- Und: muss es ein Enkelkind sein? Könnte sie sich vorstellen, „Wahloma" zu werden, ein Kind aus der Nachbarschaft mitzubetreuen, überlasteten Eltern auszuhelfen, eine Geburtstagsparty für die Kinder von der Straße auszurichten ...?

Bei einem solchen Gesprächsverlauf wird die große *Freiheit zu* für die Patientin plastisch greifbar. Sie begreift das riesige Potential an Möglichkeiten, mit dem sie beschenkt ist, und liest an den vor Begeisterung strahlenden Augen ihres Gegenübers ab, dass dies „Gnade" ist.

Ist ein Wertbezug (wieder)entdeckt worden, hat die konkrete Gedankenarbeit zu erfolgen, die sich der Frage entlangtastet, wie der Wertbezug in die aktuelle Situation eines Patienten praktisch integriert werden kann. (Etwa: der Gang zum Reisebüro, der Kauf von Pinsel und Farben, der Zettel am schwarzen Brett der Pfarrei mit Angeboten zum Babysitten und dgl. mehr.) Das „existentielle Vakuum" ist nicht mit einem Guss zu füllen, sondern nur punktuell, aber diese Punkte sind gleichsam

Kondensierungspunkte der *zu großen Freiheit,* und das ist gut so. Sie schrumpft dann auf das hier und jetzt freudig Leistbare. Allmählich werden sich die Sonnenpunkte etablieren und ausdehnen und den Nebel der Depressivität hinwegtauen.

Die unerträglich kleine *Freiheit zu*

Wenden wir uns zuletzt dem umgekehrten Fall zu, in dem die Freiheitsskeptiker recht haben: Die *Freiheit zu* ist aus irgendwelchen Gründen minimal.

Manche Menschen bemerken es, manche nicht. Nicht immer geht es denjenigen, die es nicht bemerken, besser. Suchtkranke z. B., die nicht bemerken (oder bemerken wollen), wie abhängig sie schon sind, befinden sich in einer Realitätsverkennung mit allen bösen Folgen, die wir bereits erörtert haben. Die Evolution sortiert sie zur Elimination aus.

Ein Beispiel *

Eine Studentin schildert ihre Erlebnisse mit der Droge Kokain:

a) Die Verlockung:

„... ich sitze mit ein paar Freunden und Bekannten beisammen, sie reden und lachen. Ich langweile mich. Ich habe ein großes Bedürfnis, mich mitzuteilen, aber es klappt irgendwie nicht ... ich weiß, dass es etwas gibt, was das ändert, sofort, radikal. Wenn man Koks nimmt, fühlt man sich sofort

* aus: „Süddeutsche Zeitung“ vom 27.2.1996, S. 3

gesund, stark, gut gelaunt. Einfach supertoll, keiner kann einem was ..."

b) Das Resultat:

„Das Tageslicht ist da, die Wirkung ist weg. Zeitgefühl und Erinnerung stellen sich wieder ein, furchtbar! Ich ziehe die Vorhänge zu, dunkle alles ab; das nenn' ich den Dracula-Effekt. Mein Herz rast, die Angst umkrallt mich, alle Wahrheiten der Nacht brechen zusammen. Was gegen diesen Zustand hilft? Eine „neue Nase" (neuer Stoff) ...

c) Das Nicht-Bemerken der Abhängigkeit:

„Ich nehme Koks nur gelegentlich, nur zum Vergnügen, nicht weil ich muss."

Hat diese Süchtige noch eine *Freiheit zu?* Überlegen wir: Zur Rehabilitation müsste sie

- der Wahrheit über ihre Abhängigkeit ins Auge sehen,
- mitten im „Draculazustand" auf eine „neue Nase" verzichten,
- Langeweile und sozialen Frust anders bewältigen als bisher,
- mit eisernem Willen jeder Verlockung zum Rückfall widerstehen,
- mit einem vom Drogenkonsum angeschlagenen Organismus ein neues, sinnvolles Leben aufbauen.

Wie groß ist ihre Freiheit, das alles gleichzeitig und aus eigener Kraft zu bewerkstelligen? Zugegebenermaßen gering. Freilich gibt es Hilfen, und zumindest die Freiheit, Hilfen in Anspruch zu nehmen, hat diese Studentin durchaus. Auch gibt es noch Raum für Hoffen und Glauben und Beten – und Wunder, die manchmal geschehen.

Menschen, die mit wachem Bewusstsein registrieren, dass ihre *Freiheit zu* extrem beschnitten ist, leiden subjektiv mehr, haben dafür aber bessere Optionen, ihren Minimalfreiraum zu nutzen.

Auch dazu ein Beispiel aus meiner Supervisorentätigkeit

Ein Familienvater hat seinen von ihm überaus geliebten dreijährigen Sohn erschossen und anschließend sich selbst.

Natürlich hat diese grauenvolle Tat ihre Vorgeschichte. Der Mann entstammte einer wohlhabenden Gutsfamilie. Seine Eltern hatten ihn nicht für fähig gehalten, das Gut zu verwalten, und es deshalb seinen beiden Schwestern überschrieben, die den Mann auf hässliche Weise aus seinem Erbe hinausgedrängt haben. Er war Beamter geworden, hatte geheiratet und zum Tatzeitpunkt zwei Söhne im Alter von 12 und 14 Jahren, sowie eben den kleinen Nachkömmling mit drei Jahren. Seine Ehe war seit langem belastet, seine Frau wollte sich von ihm scheiden lassen. Die zwei pubertierenden Söhne ergriffen die Partei der Mutter und behandelten ihren Vater verächtlich. Sie weigerten sich z. B., mit ihm gemeinsam an einem Tisch zu essen. Am Tag des Unglücks geschah folgendes:

Am Vormittag wurde der Mann von seiner Mutter besucht (sein Vater war schon lange tot). Die Mutter gab ihm viele unerbetene Ratschläge und Verhaltensvorschriften.

Am Nachmittag kam seine Frau nach Hause und eröffnete ihm kurzangebunden, dass sie ihn jetzt verlassen und den Dreijährigen mitnehmen werde. Der Dreijährige sei gar nicht sein Sohn, sondern von ihrem Freund, zu dem sie hinziehen werde.

Der Mann drehte durch, holte die Waffe und erschoss das Kind und sich selbst.

Die Aufruhr im Dorf war entsprechend groß. Es wurde ein feierliches Begräbnis für das Kind arrangiert, an dem Hunderte Sympathisanden teilnahmen, und ein stilles, heimliches für den Täter. Die Unglücksfamilie wusste sich im Dorf nicht mehr zu bewegen und geriet in einen desolaten Zustand. Ihr Seelsorger, ein ehemaliger Schüler von mir, bat mich um eine Supervisionsstunde mit der Frage: Wie können die Familienmitglieder weiterleben und das schreckliche Geschehen überleben?

Fragen wir zuerst: Welche *Freiheit zu* gibt es für die Mutter, die Schwestern, die Ehefrau, die Söhne des toten Mannes? Diese Freiheit aufzuspüren, ist nicht leicht, und noch schwerer ist es, in ihr – in der winzigen verbliebenen *Freiheit zu* – sinnvolle Wahlmöglichkeiten ausfindig zu machen. Hätten wir nicht das überzeugende Vorbild *Frankls,* wären selbst wir Fachleute in solchen Fällen geneigt zu kapitulieren. Wobei „kapitulieren" heißt: uns rückzuziehen auf das reine Zuhören und Präsentsein. Beides ist nicht falsch. Es ist goldrichtig, wenn Psychologen und Traumatologen, die an irgendwelche Katastrophenorte gerufen werden, hauptsächlich nichts anderes tun, als zuzuhören und anwesend zu sein. Trotzdem wagt sich die Logotherapie einen Fußbreit weiter in die letzten, ungeheuerlichsten Entscheidungsfreiräume des Menschen hinein.

Ich empfahl dem Seelsorger, der Familie ein Roundtable-Gespräch vorzuschlagen, an dem alle teilnehmen sollten, und dabei *das* Heilmittel auszuspielen, das *Frankl* in den Konzentrationslagern seelisch gerettet hat, nämlich die mitten im Horror hochgehaltene Menschlichkeit. Konkret sprachen wir vier Schritte an:

1) Sobald die Familienmitglieder um den Tisch sitzen, solle der Seelsorger eine Kerze anzünden und zwei Fotos auf den Tisch legen, eines von dem Mann und eines von dem dreijährigen Kind. Dann solle er sagen: „Wir trauern um *zwei* Tote, und jeder hier am Tisch möge seiner Trauer Ausdruck verleihen."

   (Es ist wichtig, dass um Opfer und Täter gleichzeitig geweint wird, denn jeder Mensch ist eine wertvolle Person, was auch geschehen sein mag!)

2) Danach solle der Seelsorger die Familienmitglieder bitten, offen, ehrlich und ohne Rechtfertigung ihren eigenen Anteil – nicht an der Wahnsinnstat, aber an der Zuspitzung des Familienzerwürfnisses – zu bekennen. So möge er der Mutter des Toten helfen, zuzugeben: „Ja, ich habe meinen Sohn bevormundet und ihm wenig zugetraut", den Schwestern helfen, zuzugeben: „Ja, wir haben unseren Bruder vom väterlichen Gut ausgeschlossen", der Ehefrau helfen, zuzugeben: „Ja, ich hätte meinen Mann nicht so brutal damit konfrontieren müssen, dass der Kleine nicht von ihm ist", und den Söhnen helfen, zuzugeben: „Ja, wir hätten den Vater nicht zu demütigen brauchen" ...

   (Es ist wichtig, dass die Schwarz-weiß-Malerei „Wir sind gut, er ist schlecht" aufgeweicht wird. Niemand ist ohne Schuld.)

3) Danach solle der Seelsorger den Familienmitgliedern nahelegen, in Zukunft auf alles Spekulieren, *was wenn gewesen wäre,* auf alles Herumrätseln, *wieso und warum,* und auf alles Urteilen, Be- und Verurteilen zu verzichten. Es bleibt ein Restgeheimnis um des Menschen Taten, auch um Affekthandlungen, das niemand lüften kann. In die tiefsten Winkel eines Herzens kann nur Gott schauen. Deshalb muss jede Beurteilung des Mannes im Grunde danebengehen. Die Familienmitglieder sind gut beraten, sich diesbezüglich in freiwilliger Abstinenz zu üben und auf Spekulationen jeglicher Art über das Schreckensgeschehen künftig zu verzichten.

   (Sie müssen mit den Fakten leben, aber sie brauchen sich nicht mit unüberprüfbaren Hypothesen abzuquälen, und sie mögen sich nicht zu Richtern über einen anderen aufschwingen.)

4) Schließlich solle der Seelsorger die Familie ersuchen, den toten Mann mit seinen sämtlichen Seiten, den Licht- und den Schattenseiten, in Erinnerung zu behalten, und nicht ausschließlich als Doppelmörder. Es gab zärtliche Zeiten in seiner Ehe, es gab schöne Erlebnisse mit ihm, er war tüchtig in seinem Beruf, usw. Das soll nicht schlagartig ausgelöscht sein durch die eine Kurzschlusshandlung, die er beging.

   (In der ewigen Wahrheit ist alles gespeichert, auch das Lichtvolle dieses Menschenlebens und genauso soll es in den Köpfen der Angehörigen sein.)

Wie ich gehört habe, hat die Familie nach anfänglichem Zögern in das Roundtable-Gespräch eingewilligt. Es muss eine sehr tränenreiche Runde gewesen sein, aber am Ende hat keiner mehr einen Stein auf einen anderen oder auf den Toten geworfen. Alle Familienmitglieder haben ein paarmal durchgeatmet und dann begonnen, dem Lebensabschnitt „nach der Tat" mutig entgegenzuschreiten.

Sogar in winzigen Freiräumen keimen neue Chancen.

Ein letztes Beispiel zur Frage nach Minimalfreiräumen:

Bei einer Tagung berichtete mir eine ehemalige Lehrerin von einem Unfall. Sie und ihr Mann engagieren sich seit ihrer Pensionierung in einem ehrenamtlichen Sozialprojekt. Sie fahren in regelmäßigen Abständen nach Rumänien, um dort Jugendliche in der deutschen Sprache zu unterrichten. Nach Absolvierung der Sprachkurse dürfen die Jugendlichen nach Deutschland ausreisen, um einen bestimmten Beruf zu erlernen, in welchem sie später in ihrer Heimat arbeiten können.

Bei solch einer Rumänienfahrt nickte der Mann der Lehrerin, der am Steuer saß, ein und fuhr frontal gegen einen Baum. Er wurde nur leicht verletzt, aber sie erlitt einen Milzriss, ihre Lunge war voller Blut, und sie hatte furchtbare Schmerzen. Im Krankenhaus bat sie die Ärzte, sie sterben zu lassen.

Halb bewusstlos spürte sie, wie sie sanft tiefer und tiefer sank. Sinkend und träumend gedachte sie ihrer Lieben – da schoss ein Gedankenblitz durch ihren Sinn: Der Gedanke, dass, wenn sie jetzt stürbe, ihr Mann damit leben werde müssen, dass er an dem Unfall, also an ihrem Tod, schuld sei. Das Sinken hörte auf, sie schwebte leicht pendelnd im Äther. „Himmel," dachte sie, „das wäre entsetzlich für ihn. Mit dieser Last würde er nicht fertig werden." Da schaltete sie quasi den Retourgang ein und beschloss: „Nein, jetzt wird nicht gestorben! Später vielleicht, aber nicht jetzt." Sie fühlte, wie sie langsam wieder hochgezogen wurde. Jemand vom Ärzteteam an ihrer Seite sagte: „Na, Gott sei Dank, wir haben sie wieder. Das war knapp!" Dann verlor sie endgültig das Bewusstsein.

Die ehemalige Lehrerin hat die Operation prima überstanden, und als ich sie auf der Tagung traf, wirkte sie munter und tatendurstig wie eh und je.

Wie ist diese Geschichte zu interpretieren?

1) Es existierte offenbar noch eine *Freiheit zu* bei der schwerverletzten Frau, nämlich die *Freiheit,* sterben oder leben *zu* wollen.
2) Fast sterbend vermochte sie noch richtig einzuschätzen, wie es ihrem Mann nach ihrem Tod ergehen würde.
3) Sie war durchdrungen von dem Liebesmotiv, ihm einen großen Seelenkummer zu ersparen.

In der Summe: sie hatte einen profunden Sinn zu leben. Denn *Sinn ist ja nichts anderes, als die Möglichkeit, in Freiheit die Wirklichkeit liebevoll zu verändern.*

Doch wie klein war ihre damalige Freiheit im Krankenhaus! Nur ein hauchdünner Spalt zwischen den wuchtigen Schicksalsblöcken, und dennoch war die Freiheit da – für Sekunden, entscheidende Sekunden.

Fassen wir zusammen

Es ist dem Menschen bekömmlich, sich des Ausmaßes seiner *Freiheit von und zu* bewusst zu sein. Es ist ihm ferner bekömmlich, die Realität einigermaßen richtig einzuschätzen, um in Freiheit sinnvolle Entscheidungen treffen zu können. Ist seine *Freiheit zu* sehr groß, gleicht sie einem Bergplateau, auf dem man in jede beliebige Richtung gehen kann. Aber schnell wallen die Nebel hoch, und es braucht fester Wertbezüge, um darin nicht die Orientierung zu verlieren. Ist die *Freiheit zu* sehr klein, gleicht sie einem kaum sichtbaren Spalt zwischen den Felsen des Schicksals; aber wenn die Samen der Liebe hineinfallen, dann wurzeln sie selbst dort, und es blüht aus den Felsen heraus. Der Mensch muss an Nebel und Felsen nicht scheitern, solange sich seine „seltsame“ geistige Freiheit mit dem Logos verbindet.

Kommentierte Kostbarkeiten aus der Franklschen Kasuistik

Spüre den Sinn deiner alltäglichen Arbeit auf,
und sein Lichtstrahl durchglüht deinen Tag.
(J. Iljin)

Vorbemerkung

Im Jahr 1949, nur wenige Jahre nach der Befreiung aus dem letzten Konzentrationslager, in dem *Viktor E. Frankl* während des 2. Weltkrieges interniert gewesen war, erschien ein Buch aus seiner Feder mit dem Titel: „Der unbedingte Mensch".

„Ein merkwürdiger Titel", mögen die ersten Käufer dieses Buches im zerbombten Wien, und insbesondere die Freunde und Bekannten *Frankls* gedacht haben. „Hat dieser Mann die klägliche Bedingtheit und Abhängigkeit des Menschen von inneren und äußeren Strukturen nicht bis an den Rand des Todes ausgekostet? Ist er nicht gemeinsam mit Millionen anderen eine endlos scheinende Zeit lang völlig ausgeliefert gewesen, sei es psychopathischen Machthabern, sei es dem antisemitischen Zeitgeist einer verirrten Epoche, sei es auch eigenen Hungerphantasien aus seiner Unterernährung oder der Verzweiflung über den Verlust fast sämtlicher Angehöriger? Wie kann er angesichts solch extremer Lebenserfahrungen in Richtung 'Ohnmacht' das Bild eines 'unbedingten Menschen' skizzieren?"

Ja, selbst diejenigen Buchkäufer, die nichts von der persönlichen Leidensgeschichte des Autors wussten und lediglich seine Berufsbezeichnung „Psychiater und Neurologe“ auf dem Umschlag des Buches lasen, mögen sich im Stillen gewundert haben, dass ein Arzt, der ständig mit der körperlichen und seelischen Begrenztheit des Menschen aufs Engste zu tun hat, ein derartiges Bekenntnis ablegt, wie es sich in der Formulierung dieses Buchtitels spiegelt. Denn daran ist nicht zu rütteln: der Glaube an den unbedingten Menschen *ist* ein Bekenntnis.

Wenn nun die Käufer später zu Hause das neuerstandene Buch aufschlugen – und im Wien von 1949 war ein Buch ein echter Luxusgegenstand, reserviert für die seltenen Mußestunden im täglichen Kampf um eine Renormalisierung des Lebens – stießen sie zu Beginn auf ein Vorwort. Dieses war und ist bis auf den heutigen Tag mehr als eine gedankliche Einleitung in die Thematik. Es ist eine Erklärung des gewagten Titels und gleichzeitig eine Erklärung des Menschseins schlechthin. Eine „Liebeserklärung“ an den Menschen, der existentiell als umfassendere Entität und von höherwertigerer Idealität erschaut wird, als alle irdischen Bedingungen zusammen aus ihm formen können. *Viktor E. Frankl*, der körperliches und seelisches Elend bis über das Ausmaß des Vorstellbaren hinaus zu beobachten Gelegenheit gehabt hat, bürgt darin für die würdevollen Ressourcen der geistigen Person in ihren – teilweise letzten – Freiräumen.

Nachstehend ein Auszug aus dem genannten Vorwort zur 1. Auflage des Buches: „Der unbedingte Mensch“ von *Viktor E. Frankl*:

„Der unbedingte Mensch" ist der Mensch, der unter allen Bedingungen Mensch ist und auch noch unter den ungünstigsten und unwürdigsten Bedingungen Mensch bleibt – der Mensch, der unter keiner Bedingung sein Menschentum verleugnet, vielmehr in Unbedingtheit „zu ihm steht" ...

In diesem Buche soll gezeigt werden, inwiefern der Mensch als unbedingter bestehen kann – bestehen trotz aller Bedingtheit. Mit anderen Worten: es soll erwiesen werden, inwieweit der Mensch in seiner Bedingtheit immer auch schon über sie hinaus ist oder zumindest hinaus sein kann ... Dies soll aufgezeigt werden auf dem Boden gerade jener Fakten, die den freien Spielraum menschlichen Geistes wohl am eindrucksvollsten einzuschränken scheinen, nicht minder eindrucksvoll aber auch zu zeigen vermögen, wie sehr der Mensch trotzdem immer noch es in der Hand hat, sich von diesem Boden kraft seiner Freiheit abzuschnellen: wir meinen jene biologischen und psychologischen Fakten, die dem Kliniker, und zwar in erster Linie dem Neurologen und Psychiater, entgegentreten.

Der faktischen Bedingtheit des Menschen steht seine fakultative Unbedingtheit gegenüber. Gerade der Neuropsychiater ist ein Kenner der psychophysischen Bedingtheit der geistigen Person; aber gerade er wird auch Zeuge ihrer Freiheit: der Kenner der Ohnmacht wird hier als Zeuge aufgerufen für das, was wir die ***Trotzmacht des Geistes*** *nennen.*

„In diesem Buche soll gezeigt werden, inwiefern der Mensch als unbedingter bestehen kann ...", hat *Viktor E. Frankl* 1949 seinen Lesern versprochen. Und jeder, der sich seither aufgeschwungen hat, seinen Überlegungen auf den anschließenden Seiten zu folgen, ist wohl am Ende des Buches zu dem Ergebnis gelangt, dass der Autor sein Versprechen gehalten hat.

Eine Miniauswahl von Fallbeispielen aus dem inzwischen enorm angewachsenen Gesamtwerk *Viktor E. Frankls* soll in dieses Versprechen eingeklinkt werden. Es sind Fallbeispiele, die allesamt nichts anderes zeigen, als „inwiefern der Mensch als unbedingter bestehen kann“ – mitten in den vielfältigsten Erschütterungen persönlicher Krisenzeiten. Ich habe sie exemplarisch zusammengetragen und kommentiert, weil es mein inniger Wunsch ist, *Viktor E. Frankl auch* im Lichte seiner ärztlich-therapeutisch-seelsorgerlichen Genialität als *Praktiker* darzustellen, und nicht nur als den berühmten Forscher und Philosophen, der er war. Meines Erachtens besaß er ein außerordentlich feines Gespür für das rechte Wort im rechten Moment, ein tiefes Mitgefühl für den leidenden Menschen und ein unglaubliches Talent, ihn zu befähigen, trotz jedweden Leidens das Leben bravourös zu „bestehen“. Die folgenden (teilweise gekürzten) Berichte mögen davon Kunde geben.

Metaphysischer Leichtsinn

Text von Viktor E. Frankl *

An uns wendet sich ein junger Schneidergehilfe und gibt an, er komme „wegen der Ewigkeit“. Auf Befragen äußert er, was er damit meint: Er komme nicht darüber hinweg, daß alles so vergänglich ist und eben nichts weniger als „ewig“. Im besonderen habe es ihm die Sterblichkeit des Menschen angetan, und er erinnere sich daran, daß ihn bereits in der Kindheit der Gedanke übermannt hat: auch er selbst werde dereinst sterben müssen ...

* aus: „Der leidende Mensch“, Huber, Bern, 2. Aufl. 1984, S. 165-166

Wir fragen den Patienten nun, warum er sich denn nicht an einen Priester gewandt habe – der wohl zuständiger sei für Dinge wie „Ewigkeit". Der Patient jedoch entgegnet, er sei irreligiös. Hingegen habe er sich an seinen Vater gewandt; der Vater aber habe zugegeben, daß tatsächlich alles vergänglich sei, und daß es vor allem eines nicht gebe: ein Fortleben der Seele nach dem Tode ...

Wir greifen nach einem Rezeptformular. In diesem Augenblick wehrt unser Patient ab: „Bitte keine Medizin!" Wir hatten aber nicht daran gedacht, ihm ein Medikament zu verschreiben, und so lassen wir uns auch nicht abhalten und notieren auf dem Formular den Titel einer allgemeinverständlich gehaltenen Broschüre, die sich mit der Frage nach dem Sinn des Lebens auseinandersetzt und nicht zuletzt mit der Frage, ob die Sinnhaftigkeit des Daseins durch dessen Vergänglichkeit zunichte gemacht werde. Diese Broschüre empfehlen wir dem Patienten zur Lektüre und laden ihn ein, dann wiederzukommen.

Wenige Tage später erscheint er abermals im Ambulatorium, nicht ohne sich über das Gelesene höchst unbefriedigt zu äußern. Gleichzeitig gibt er an, daß es ihm bedeutend besser gehe. Denn in der Zwischenzeit habe er mehr Arbeit gehabt und sei weniger dazugekommen, seinen Grübeleien nachzuhängen.

Aber wir lassen nicht mehr locker. Die einmal aufgerührte Problematik dieses Menschen lassen wir keineswegs mehr unter den Tisch fallen. Im Gegenteil, wir wollen sie durchbesprechen, und wir möchten gerade die Einwände durchbesprechen, die unser Patient gegen die lebensbejahenden Darlegungen der Broschüre vorzubringen haben mag. Wir wollen ihn durch die nun einmal aufgebrochene geistige Not hindurchlotsen, – um nichts anderes handelt es sich bei ihm als um wesentlich geistige Not, und eigentlich nicht seelische Krankheit. Um ihn durch diese geis-

tige Not hindurchschleusen zu können, müssen wir ihn in diese existentielle Krise wohl oder übel nur noch mehr hineinhetzen.

Denn es könnte eines Tages sehr leicht geschehen, daß der junge Mann einmal weniger Arbeit hat oder gar arbeitslos wird. Damit zugleich würde er aber auch haltlos werden, ohne geistigen Halt sein. Dem gilt es vorzubeugen, auch von unserer ärztlichen Seite.

Eine eigenartige Therapie, wird man einwenden, und ein merkwürdiges Vorgehen seitens eines Arztes: die leidvolle Unruhe, über die ein Mensch spontan schon hinausgekommen ist, noch zu erhöhen. Wer so spricht, vergißt aber, daß diese Unruhe ... als geistige nichts Krankhaftes, sondern etwas Menschliches ist, ja in gewissem Sinne sogar das Menschlichste, was es überhaupt gibt.

Aus diesen diagnostischen Überlegungen folgen therapeutische ... Wir ließen dem Patienten keine Ruhe, wir ließen ihm nicht die Scheinruhe metaphysischen Leichtsinns (Scheler). Und wir hätten diesen Patienten auch nicht in Ruhe lassen dürfen, solange er nicht den Sinn seiner Existenz gefunden und damit zu sich selbst. Ist es doch vielleicht der Leitsatz und Wahlspruch aller Psychotherapie, dieses „ich lasse dich nicht, du seiest denn du selbst geworden".

Kommentar

Viele Kollegen *Frankls* hätten die Grübeleien des Patienten als depressives Alarmzeichen oder als Angstsymptom aufgefasst. Manche hätten vielleicht wirklich zum Rezeptblock gegriffen und Stimmungsaufheller verschrieben. Andere hätten bei dem jungen Mann eine verborgene Vaterproblematik vermutet oder auf einen gestrengen Religionslehrer in dessen Schulzeit getippt.

Frankl hingegen verzichtete auf jede psychologische Deutung des „Ewigkeitsanliegens“ seines Patienten. Unser Leben *ist* vergänglich, und trotzdem soll es sinnvoll und freudvoll gestaltet werden. Das ist eine urmenschliche Herausforderung, der sich jeder irgendwann stellen muss, und es war eben an der Zeit, dass es auch der junge Schneidergehilfe tat. Behutsam lenkte *Frankl* die Gedanken seines Schützlings in neue Bahnen. Die knappe ärztliche Sprechstundenzeit war ihm nicht zu schade, über philosophische Aspekte zu diskutieren. Mehr noch: Er wollte seinen Patienten zu einer lebensbejahenden Einsicht geleiten, die selbst bei negativ veränderten Lebensumständen nicht kippen sollte. Eine „Scheinruhe“ durch Ablenkung war ihm nicht genug. Die echte Ruhe des Herzens findet nur, wer sein Bestes gibt – und dann gelassen darauf baut, dass sich schon alles verewigen wird, zumindest in der Wahrheit, die niemand auslöschen kann.

Wir dürfen sicher sein, dass der junge Mann unter *Frankls* Obhut schließlich zu solcher Erkenntnis vorgestoßen ist.

Gefahr einer Fehldiagnose

Text von Viktor E. Frankl *

In vielfacher Hinsicht instruktiv, will uns scheinen, ist der folgende Fall:

Es handelt sich um eine jugendliche Patientin aus dem Ausland, die dort sechs Jahre lang sechs Stunden in der Woche von

* aus: „Theorie und Therapie der Neurosen“, Reinhardt, München, 7. Aufl. 1993, S. 92-93

einer Psychoanalytikerin behandelt worden war und dann aus äußeren Gründen die Behandlung abbrechen mußte. Nachdem sie dies der Psychoanalytikerin angekündigt hatte, erklärte letztere, von einer Unterbrechung könne überhaupt nicht die Rede sein, da die Analyse eigentlich noch gar nicht begonnen habe, vielmehr am Widerstand der Patientin gescheitert sei.

Von uns wurde in diesem Falle eine Hypokortikose mit Depersonalisation im Vordergrund diagnostiziert, und auf die Medikation von Desoxykortikosteron hin „ging es der Patientin", wie der Bericht der behandelnden Hausärztin lautet, „alsbald nicht nur hinsichtlich der Depersonalisation, sondern auch körperlich besser" (die Patientin war zur Zeit des Beginns unserer Behandlung bettlägrig gewesen); „sie hat", so heißt es weiter, „an Gewicht zugenommen, ist nicht mehr anfällig, hat eine Dissertation fertiggebracht und keiner Behandlung mehr bedurft."

Kommentar

In seiner noblen und bescheidenen Art deckte *Frankl* hier einen Skandal sondergleichen auf. Eine junge Frau, die noch ihr ganzes Leben vor sich hatte, wurde sechs Jahre lang falsch behandelt, mit der Folge, dass sie bis zur Bettlägrigkeit an Gewicht verlor und ständig an Denk- und Ichstörungen (Depersonalisation) litt. Die Progression ihrer Krankheit bzw. das Ausbleiben von Genesungsfortschritten wurde der Kranken schuldhaft zugeschoben: sie sei einfach bockig und leiste inneren Widerstand gegen die (so gute!) Therapie. Ein gnädiger Zufall spielte sie dem exzellenten Diagnostiker *Frankl* in die Hände, der sofort den hormonellen Mangel entdeckte und medikamentös ausglich. In *Frankls* Bericht steht nichts über

Gespräche, die er parallel zur Medikation mit der Patientin geführt hat. Aber die Tatsache, dass sie kurz darauf eine Dissertation vollendet hat, spricht für cine enorme Ermutigung, die von ihm ausgegangen sein muss.

Dieses zweite Fallbeispiel ergänzt das erste auf interessante Weise. Denn obwohl *Frankl* als Seelenarzt für die seelische/psychische Ebene des Menschen zuständig war, zögerte er nie, virtuos in der geistigen/noetischen Ebene (siehe Schneidergehilfe) oder in der körperlichen/somatischen Ebene (siehe Dissertantin) zu helfen, wenn *dort* Hilfe gebraucht wurde. Dass die o. g. Psychoanalytikerin im Gegensatz zu ihm über das rein Psychische nicht hinauszuschauen bereit gewesen ist, ist ihre „Sünde" gewesen.

Kontaktmangel und Liebesunfähigkeit

Text von Viktor E. Frankl *

Ein 32-jähriger Offizier wendet sich wegen Potenzstörungen an uns. Gleich eingangs gibt er an, zumindest in seinen Träumen bisexuell zu sein. Ohne daß wir diesem Tatbestand allzuviel Bedeutung zumessen (am allerwenigsten dem Kranken selbst gegenüber), gehen wir der Sache auf die Spur und erhalten die Auskunft, daß er sich daran erinnern könne, mit zehn Jahren nicht ohne eine gewisse Wollust einen Knaben anuriniert zu haben. Die Träume gehen mit Pollutionen einher. (Wir verwenden diese Tatsache natürlich sofort, um dem Kranken seine organische „fakultative Potenz" damit zu demonstrieren.) Erst seit dem 20.

* aus: „Die Psychotherapie in der Praxis", Deuticke, Wien, 4. Aufl. 1982, S. 121-123

Lebensjahr, so berichtet er weiter, masturbiere er. Im Alter von 22 Jahren sei es nun erstmalig zum Geschlechtsverkehr gekommen, und zwar mit einer Prostituierten; und hierbei habe er versagt ...

Was können wir bereits aus diesen Angaben schließen? Daß er vor der eigentlichen, nämlich vor aller menschenwürdigen Erotik, also daß er den Mädchen ausweicht, indem er bei der Prostituierten Zuflucht sucht. Diesem ganzen Verhalten liegt somit ein tiefgehender menschlicher Kontaktmangel zugrunde – von dem der Kranke selber alsbald und spontan auch zu sprechen beginnt. Er ist also schlechthin menschlich kontaktunfähig – und seine ganze Potenzgestörtheit ist eben nur Ausdruck dieser Kontaktunfähigkeit; sexuell ist er deshalb „unfähig", weil er überhaupt der Liebe nicht fähig ist. Kein Wunder, wenn seine Haltung zur Potenzstörung führt: ist es ihm doch, in all seinem „Liebesleben", gar nicht um Liebe zu tun, sondern nur um Lust, und zwar Lust im Sinne von egoistischem Luststreben. „Gefühl" investiert er nur höchst wenig und selten in seine Beziehungen – wie er ausdrücklich zugibt ...

Worin hatte nun die Therapie im vorliegenden Falle zu bestehen? Wir mußten den Kranken dazu anleiten, vor allem die Kontaktunfähigkeit durch Selbsterkenntnis und Selbsterziehung mit der Zeit zu überwinden. Wir mußten ihn darauf hinweisen, daß nur ein wahres Liebesleben seiner würdig sei. Und wir mußten ihm schließlich klarmachen, daß die Herstellung seiner Potenz nicht nur unmöglich, sondern auch unnötig sei, solange er noch nicht liebesfähig wäre. Denn, so mußten wir sagen, der Arzt sei schließlich nicht dazu da, sozusagen ihm das Koitieren beizubringen; unsere Aufgabe sei es vielmehr, ihm den Weg zu weisen und zu ebnen zu einem ihm gemäßen Liebesleben – und damit und erst damit, ganz von selbst, auch zu einem normalen Sexualleben! In diesem Sinne wird auch eine vom Kranken gewünschte Injekti-

onsbehandlung unsererseits strikte abgelehnt: was ihm not täte, sei vielmehr: Erkenntnis; Erkenntnis des großen Zusammenhangs, in dem seine Potenzstörung lediglich als Teilerscheinung eingebettet sei; Erkenntnis ihres Zusammenhangs mit seiner allgemeinen Lebenseinstellung … Und so dürfe er denn nicht damit rechnen, seine Potenzstörung früher loszuwerden, bevor er nicht erst einmal imstande sei, eine Partnerin wirklich zu lieben.

Kommentar

Bei der Darstellung des obigen Fallbeispiels hat *Viktor E. Frankl* relativ viel von seinen therapeutischen Überlegungen preisgegeben.

Schon in der Aufnahmephase des Patienten achtete er sehr darauf, die Situation des Kranken nicht zu verschlimmern. Verschlimmert wäre sie etwa worden, wenn die Zweifel des Mannes, ob er heterosexuell oder vielleicht bisexuell sei, verstärkt worden wären. Solche Zweifel hätten seine „Männlichkeit“ zusätzlich untergraben. *Frankl* ging jedoch sachte über die Andeutung derartiger Zweifel hinweg bzw. entlarvte sie als „Nachwehen“ der „Spielereien“ eines Zehnjährigen. Verschlimmert wäre die Situation des Kranken auch worden, wenn dessen sexuelles Versagen voll in den Mittelpunkt ärztlicher Betrachtung gestellt worden wäre. *Frankl* schürte hingegen das Vertrauen des Patienten in dessen „fakultative Potenz“. Aus den nächtlichen Traumphantasien, die ihm berichtet worden waren, holte er sozusagen das wertvollste Stück hervor: den Beweis vorhandener „Männlichkeit“.

Nach diesem seelischen „Aufbau“ des Patienten wurde es allerdings ernst. Der Arzt *Frankl* wandelte sich zum Erzieher und Lebenslehrer, und das heißt, das Problem wurde als ein nicht-medizinisches, sondern weltsichtiges diagnostiziert. Die Sichtweise des Patienten in Hinblick auf Liebe, Partnerschaft und zwischenmenschliche Beziehungen stimmte nicht, war unstimmig und unwürdig. Der Sexualakt sollte lediglich egoistischem Luststreben dienen, und offenbar wehrte sich etwas im Innersten des Patienten dagegen. *Frankl* intensivierte dieses „etwas", indem er die Förderung der mechanischen Potenz als zweitrangig deklarierte, und das Hineinwachsen in die zärtliche und achtungsvolle Liebe als erstrangig. Er verstand sich als Wegweiser zu einer menschengemäßen Beziehung, die allemal Grundlage menschengemäßer Sexualität ist. Hierbei blieb *Frankl* dann auch hart: keine körperliche Nachhilfe (Injektionskur), sondern ein sukzessiver Zugewinn an Erkenntnis und ein Nachreifen durch Selbsterziehung stand auf seiner Verordnung für den Patienten.

Wir dürfen annehmen, dass diese beharrliche Wegweisung allmählich zum gewünschten Erfolg geführt hat.

Wiedergeburt im Klimakterium

Text von Viktor E. Frankl *

Nehmen wir den Fall einer klimakterischen Angstneurose. Ungeachtet der endokrinen Gleichgewichtsstörung als somatogenen Unterbaus der Erkrankung war deren eigentliche Wurzel in der geistigen, existentiellen Dimension zu finden: im Erlebnis der Lebenskrise als einer existentiellen Krise, in der Bedrohung eines

* aus: „Ärztliche Seelsorge", Deuticke, Wien, 10. Aufl. 1982, S. 169-170

Menschen durch eine negative Lebensbilanz. Die Patientin war als schöne Frau von der Gesellschaft verwöhnt worden; nun galt es, jenem Lebensabschnitt gegenüberzustehen, wo erotische Geltung nicht mehr in Frage kam, nun galt es, „bestehen" zu können angesichts der schwindenden Schönheit. Erotisch hatte diese Frau ausgespielt; nun fand sie sich ohne Ziel und Zweck des Lebens, ohne Lebensinhalt – ihr Dasein erschien ihr sinnlos. „Morgens stehe ich auf", sagte sie wörtlich, „und frage mich: was ist heute? Nichts ist heute ..." Da bekam sie es mit der Angst zu tun. Und da sie keinen Lebensinhalt hatte, da sie kein Leben voll Inhalten aufbauen konnte, mußte sie ihre Angst in ihre Leben einbauen.

Nun galt es, einen Lebensinhalt zu suchen, den Sinn ihres Lebens zu finden; ihn – und damit sich selbst, ihr Selbst, ihre inneren Möglichkeiten – jetzt jenseits von erotischem Erfolg und von sozialer Geltung. Es galt, die Patientin sich von ihrer Angst ab und ihren Aufgaben zuwenden zu lassen ... Denn die neurotische Angst als existentielle wird gegenstandslos, sobald die Sinnfülle des Lebens wieder entdeckt ist und für die Angst sozusagen kein Platz mehr bleibt – und, wie jene Patientin spontan hinzubemerkte: „keine Zeit" ...

Im vorliegenden Falle konnte die Patientin „ihre" Lebensaufgabe finden. Mit der vollen Hinwendung zum neuen Lebensinhalt, mit der Hingabe an den neugewonnenen Daseinssinn ... war nicht nur ein neuer Mensch wiedergeboren, sondern auch alle neurotische Symptomatik geschwunden.

Kommentar

Zu gerne wüssten wir, welche Lebensaufgabe die ehemals schöne und nunmehr alternde Frau unter der Obhut *Frankls* schließlich gefunden hat. Schade, dass er es uns nicht verriet. Er verriet uns lediglich die beiden extremen Stimmungspole der Patientin, zwischen denen seine Intervention lag: den Pol „Was ist heute? Nichts ist heute" und den Pol „Habe keine Zeit mehr für die Angst". Dazwischen muss schon einiges an Umdenken, Ideensammeln und Initiativenergreifen geschehen sein!

Eines ist sicher: *Frankl* wird kaum inhaltliche Vorgaben gemacht, geschweige denn, der Frau irgendein Engagement aufgezwungen haben. Die Verantwortung, jeweils die richtige Aufgabe im richtigen Moment zu entdecken, ist eine so unikale und personale, dass es falsch wäre, sie jemandem abnehmen zu wollen. *Frankl* wird aber seiner Patientin glaubhaft beteuert haben, dass auch sie auf dieser Welt dringend gebraucht wird, so, wie sie ist und wie sie aussieht, und dass sie sich diesem „Ruf der Welt" nicht entziehen darf. Sie könne an jedem Tag, der ihr geschenkt ist, Gewichtiges bewirken: Weltveränderung im Destruktiven wie im Konstruktiven, und sie sei „gebeten", ihre Kraft, Intelligenz und ihren Elan im Konstruktiven bereitzustellen – zum Wohle einer guten Sache.

Da *Frankl* beim Abschluss seines Berichts die Ausdrücke „volle Hinwendung" und „Hingabe" benutzte, lesen wir heraus, dass die Patientin die für sie passende Aufgabe entdeckt hat und an ihr genesen ist. Eine „Wiedergeburt" im Klimakterium!

Anpassung um jeden Preis?

Text von Viktor E. Frankl *

Die noogenen Neurosen verlangen eine Therapie, die dort ansetzt, wo die Neurose wurzelt; eine Therapie vom Geistigen her bzw. eine Therapie insofern auf Geistiges hin, als sie die personal geistige Existenz anpeilt.

Ein konkret kasuistisches Beispiel soll dies erläutern: Eine Patientin wendet sich an uns wegen Nervosität, Weinerlichkeit, Stottern, Schwitzen, Zittern, Lidflattern und Gewichtsabnahme von 7 kg in 4 Monaten. All dem liegt zugrunde ein Gewissenskonflikt zwischen Ehe und Glauben: soll sie die eine dem anderen opfern oder umgekehrt? Sie legt größten Wert auf eine religiöse Erziehung ihrer Kinder, während ihr Mann, ein ausgesprochener Atheist, entschieden dagegen ist. An sich ist der Konflikt menschlich und nicht krankhaft; nur die Konfliktwirkung, die Neurose, ist Krankheit. Aber sie läßt sich nicht behandeln, ohne daß wir auf eine Sinn- und Wertfrage eingehen. Behauptet doch die Patientin selbst, sie könnte das schönste Leben, ihre Ruhe und ihren Frieden haben, wenn sie sich ihrem Mann anpassen würde ... Aber dies: sich der Lebensauffassung ihres Mannes anpassen – könne sie doch nicht, meint sie, denn das hieße ihr „Selbst" opfern.

Hätte die Patientin diese Bemerkung nicht gemacht, so hätte die psychotherapeutische Behandlung der Neurose die Patientin keinesfalls in der einen oder anderen Richtung: sei es Anpassung an ihren Mann, sei es Selbstbehauptung ihrer eigenen Weltanschauung – bestärken dürfen ... Nun hat die Patientin ausdrück-

* aus: „Theorie und Therapie der Neurosen", Reinhardt, München, 7. Aufl.1993, S. 141-142

lich zu verstehen gegeben: auf ihre religiöse Überzeugung bzw. deren Umsetzung in die Tat verzichten hieße ihr „Selbst opfern – und dies gibt uns therapeutisch das Recht, ihr klarzumachen, daß ihre neurotische Erkrankung nichts anderes darstellt als das Resultat der drohenden bzw. bereits stattgehabten geistigen Vergewaltigung ihrer selbst.

Zuerst einmal galt es, durch Dämpfung der affektiven Resonanz des Organismus auf medikamentösem Wege die psychophysischen Wirkungen des geistigen Konflikts abzuschirmen, sodann jedoch, auch eine kausale Therapie in die Wege zu leiten, indem wir der Patientin zwar widerrieten, sich in prinzipieller Hinsicht, hinsichtlich ihrer weltanschaulichen Prinzipien, ihrem Manne anzupassen, nur um so mehr aber empfahlen, in taktischer Hinsicht, gerade aus ihrer religiösen Überzeugung heraus, jede Provokation ihres Mannes zu vermeiden und ihm den Weg zu einem besseren Verständnis ihrer eigenen Überzeugung zu bereiten.

Kommentar

Diese Fallgeschichte ist diagnostisch interessant, weil sie sich (wie auch bereits die vorherige) auf mehreren Ebenen gleichzeitig abspielte. Auf der geistigen Ebene steckte die Patientin in einer dramatischen Ambivalenz fest. Sie wollte ihre Ehe harmonisch weiterführen und gleichzeitig ihre Kinder religiös erziehen, aber beides schien unvereinbar. Daraufhin wurde sie auf der psychischen Ebene nervös und weinerlich, verlor auf der körperlichen Ebene an Gewicht, zitterte und schwitzte. *Frankl* erkannte sehr schnell, dass es sich um psychophysische Auswirkungen eines geistigen Konflikts handelte, um die „Resonanz des Organismus" auf den geistig-seelischen Zwiespalt in der Person. Dennoch hielt er sich vorerst mit Ratschlägen zurück. Der ausschlaggebende Hinweis, was bei aller Ambivalenz von größter Sinnhaftigkeit und Dringlichkeit war, musste von der Patientin selbst kommen. So warf *Frankl* die „Sinn- und Wertfrage“ auf und hörte genau zu, wie die Patientin darauf reagierte. Als sie das „schönste Leben“, das sie haben könnte, mit ihrer „Selbstopferung“ verknüpfte, waren für ihn die Würfel gefallen. Die Patientin sollte sich nicht gegen ihre Überzeugung ihrem Manne unterwerfen!

Dennoch blieb *Frankl* vorsichtig. Zweierlei war zu berücksichtigen. Zum einen waren da die psychophysischen Auswirkungen des Konflikts, die sich bereits verselbständigt hatten. Sie mussten in derjenigen Ebene reduziert werden, in der sie hauptsächlich saßen, also medikamentös. Zum anderen ist Nicht-Unterwerfung nicht identisch mit Streit, Zank, Hader und Verachtung. Es gibt auch den sanften, den gewaltlosen Widerstand, das friedliche Gefestigtsein im Eigenen, ohne das Fremde abzuqualifizieren. Speziell da es sich bei der Patientin um eine *religiöse* (gottgefällige?) Überzeugung handelte, die sie an ihre Kinder weitergeben wollte, war es unbedingt nötig, diese Überzeugung auch praktisch zu leben – in Form von Geduld, Toleranz, Verständnis und Güte. Diesbezüglich entschloss sich *Frankl* endlich zu konkreten Ratschlägen, die gewiss langfristig gefruchtet haben.

Das Herz soll klopfen ...

Text von Viktor E. Frankl *

Im folgenden soll die Anwendbarkeit paradoxer Intention kasuistisch belegt werden:

Patientin Marie (394/1955) berichtet, ihre Mutter habe an einem Waschzwang gelitten. Sie selbst stehe seit elf Jahren wegen einer vegetativen Dystonie in Behandlung; trotzdem sei sie zunehmend nervös geworden. Im Vordergrund des Krankheitsbildes steht anfallsweises Herzklopfen; mit ihm einher geht Angst und „ein kollapsartiges Gefühl". Nach den ersten Herz- und Angstanfällen habe sich die Angst eingestellt, daß es wieder zu alledem kommen könnte, woraufhin die Patientin das Herzklopfen auch schon bekommen habe. Im besonderen fürchte sie sich davor, auf der Straße zusammenzustürzen oder vom Schlag getroffen zu werden. Die Patientin wird nun angewiesen, trainingsmäßig alle ihre unangenehmen Situationen aufzusuchen und ihnen nicht auszuweichen. Zwei Wochen nach der Aufnahme berichtet die Patientin: „Ich fühle mich sehr wohl und habe kaum mehr Herzklopfen. Die Angstzustände sind vollkommen geschwunden." Nachdem die Patientin entlassen worden war, berichtete sie später: „Habe ich ab und zu Herzklopfen, sage ich mir: ‚Das Herz soll noch mehr klopfen.' Das Herzklopfen hört dann auch wieder auf."

* aus: „Logotherapie und Existenzanalyse", Beltz, Weinheim, 3. Aufl. 1998, S. 165-166

Kommentar

Aus der Aktennummer geht hervor, dass die Patientin Marie im Jahr 1955 in der Wiener Poliklinik behandelt worden ist. Sechs Jahrzehnte später leiden Patienten an den gleichen oder sehr ähnlichen Störungen, nur sprechen sie weniger von Nervosität oder vom möglichen Zusammenstürzen, sondern eher von Panikattacken, die sie „anfallartig" erschüttern. Es gibt eine epochenübergreifende hereditäre Neigung zu ängstlichen Überreaktionen psychischer und physischer Art, weswegen *Frankl* auch die Krankheit der Mutter der Patientin erwähnte, sowie die seit langem andauernde vegetative Labilität der Patientin selbst. Ihr Organismus zog sozusagen das Gefürchtete an.

Ob sich aus einer solchen anlagebedingten Neigung jedoch eine Herzneurose u. ä. entwickelt oder nicht, hängt von einem wesentlich anderen Faktor ab, den *Frankl* als einer der ersten Wissenschaftler – lange bevor die Verhaltenstherapie in den 60erjahren des 20. Jahrhunderts ähnliche Entdeckungen machte – erkannt hat. Es hängt davon ab, ob ein Patient sämtlichen angstbesetzten Situationen ausweicht und sich am liebsten vor dem Gefürchteten in den letzten Erdenwinkel verkriecht, oder ob er tapfer auf das Gefürchtete zuschreitet und dessen Eintreten wagt oder gar paradoxerweise mittels gesundem Trotz herbeiwünscht.

Frankl gelang es (innerhalb von zwei Wochen!), die Patientin Marie zu letzterem zu überreden – und ihre Angst verschwand. Mit ihr verschwand das Herzklopfen. Und „klopfte" es im Leben der Patientin wieder an, wusste sich diese künftig zu helfen.

Den Schülern etwas vorschwitzen

Text von Viktor E. Frankl *

Der 33 Jahre alte Patient, von Beruf Schuldirektor, gibt an, seit Monaten an heftigen Schweißausbrüchen zu leiden. Nun sei er schon so weit, daß er sich bereits im voraus immer davor fürchte. Zuerst verspüre er jeweils nur ein Hitzegefühl im Gesicht. – An dieser Stelle, demnach eigentlich schon während der Aufnahme der Anamnese, hatte bereits die psychotherapeutische Aufklärung des Kranken einzusetzen: Wir machten ihn darauf aufmerksam, daß die Schweißausbrüche an sich der Umgebung gar nicht einmal so auffallen würden, daß sie vielmehr ursprünglich mehr eine bloß subjektive Gegebenheit, ein erlebnismäßiges Faktum seien; auf dieses Faktum stürzt sich gleichsam sofort auch schon die Erwartungsangst, und eben diese Furcht vor dem Schweißausbruch ist es, die ihm den Angstschweiß in die Poren treibt.

Nun, die für seine Erkrankung so typische und von ihm so sehr gefürchtete Situation ist die: er betritt ein Klassenzimmer und tritt vor seine Schüler hin, und in diesem Augenblick beginnt er zu schwitzen oder glaubt es zumindest; auf jeden Fall aber fürchtet er es in diesem Moment, und er fürchtet sich davor schon vorher, noch bevor er den Raum betreten muß. Wir raten dem Patienten an, sich von nun an in der geschilderten Situation nicht mehr so zu verhalten wie bisher, also etwas sich zu sagen: „Um Gottes Willen – ich soll jetzt nur nicht wieder so zu schwitzen anfangen“ (er bestätigt uns, daß er sich dergleichen jeweils denke); sondern er soll zu sich etwa folgendermaßen sprechen: „Nun, jetzt geh‘ ich nicht vortragen, sondern – den Schülern etwas vorschwitzen! Denn was kann

* aus: „Die Psychotherapie in der Praxis“, Deuticke, Wien, 4. Aufl. 1982, S. 157-158

mir schon passieren? Höchstens wird man mich deswegen einsperren – oder vielleicht doch nicht?" Der Kranke lächelt verständnisvoll und hat es sichtlich sofort erfaßt, in welcher Weise er fortan mit einer möglichst humoristisch gefaßten Formel vom Symptom sich distanzieren und damit den Zirkel der Erwartungsangst durchbrechen soll ... Wenige Monate nach dieser Unterredung erscheint der Kranke abermals und gibt an, praktisch beschwerdefrei zu sein.

Kommentar

Dass der Schuldirektor unglücklich war, ist leicht nachzufühlen. Er hatte sich in einem sogenannten „Zirkel der Erwartungsangst" wie in einer Falle gefangen. Je größer seine Angst wurde, im Klassenzimmer zu schwitzen, desto stärker schwitzte er dort, und je stärker er dort schwitzte, desto größer wurde seine Angst. *Frankl* verlor keine Zeit, dem Kranken, bei dem er ein hohes Bildungs- und Intelligenzniveau voraussetzen durfte, diesen Zirkelmechanismus zu verdeutlichen. Schon während des Aufnahmegesprächs bekam der Schuldirektor seine erste „Schulstunde" über die „Psychologie der Erwartungsangst" präsentiert.

Nach der „Schulstunde" folgte die konkrete „Hausaufgabe". Was sollte der Patient also Tag für Tag tun, kurz bevor er ein Klassenzimmer betrat? Äußerlich war nichts veränderbar: er hatte den selben (leichtschwitzenden?) Körper, die selben (schwierigen?) Schüler, das selbe (stressige?) Arbeitspensum. Aber innerlich konnte und sollte er nach der Devise „Humor statt Angst" eine Wende um 180 Grad vollziehen. „Jetzt gehe ich meinen Schülern etwas vorschwitzen! Soll man mich deswegen einsperren! Hurra, im Gefängnis habe ich ja schulfrei! Na, dann nichts wie drauflosschwitzen ...!"

Der Kranke lächelte, verstand, und sperrte seine Falle auf.

Zwangsimpulse ignorieren

Text von Viktor E. Frankl *

Im folgenden wollen wir an Hand eines Falles schwerer Zwangsneurose die therapeutische Fruchtbarkeit erweisen, die jenem Ansatz in der Psychotherapie zukommt, der den Kranken anweist, den schicksalhaften Kern seiner Zwangsneurose eben als schicksalhafte Gegebenheit einfach hinzunehmen – statt durch ein verfehltes Ankämpfen ihn nur noch immer mehr mit unnötiger Symptomatik anzureichern:

Der 41jährige Kranke, Großindustrieller von Beruf, ist seit einigen Monaten in der Stadt ... Im Vordergrund seiner zwangsneurotischen Beschwerden steht ein schwerer „blasphemischer Zwang", der ihm als tiefreligiösen Menschen seit 15 Jahren das Leben zur Qual macht ... und überhaupt befiel den Kranken eine solche Verzweiflung, daß er nun ernst zu nehmende Selbstmordabsichten hegt; den Abschiedsbrief an seine Frau trägt er in der Brieftasche! Freunde, die seine tiefe Depression gemerkt hatten, nahmen ihm jedoch das Ehrenwort ab, daß er noch einen letzten Versuch unternehme. So kommt er zu uns ... wir stehen nicht an, die nun einmal vorhandene religiöse Haltung des Kranken nicht nur zu estimieren, sondern auch als ein Positivum – das sie ist – in unseren Heilplan einzubauen. Gerade im soeben besprochenen Fall war dies nicht nur möglich, sondern letztlich der Angelpunkt für alle Therapie, wie sich alsbald erweisen sollte ... es galt, an Stelle einer Symptomenbehandlung sich in erster Linie um die Einstellung des Patienten zur Krankheit zu kümmern. Diese Einstellung war nun bisher eine durchaus verkrampfte, und so war

* aus: „Die Psychotherapie in der Praxis", Deuticke, Wien, 4. Aufl. 1982, S. 177-179

denn auch der Kampf des Kranken gegen die Zwangskrankheit verkrampft: ständig kämpfte er gegen seine blasphemischen Einfälle an und steigerte dadurch nur deren „Macht" und die eigene Qual. Was da not tat, war Entkrampfung, Entlastung, Entspannung; der Kranke mußte lernen, sozusagen die Zügel schießen zu lassen. Und zwar mußte im vorliegenden Falle vom Religiösen her die so heilsame Gelassenheit in der Einstellung zur Krankheit erreicht werden.

„Hier ist meine Zwangsneurose", so lernte unser Patient die Dinge nunmehr sehen, „und sie steht da vor mir, in mein Leben hineingestellt, ganz ebenso wie etwa mein Familienglück oder meine berufliche Karriere, mein geschäftlicher Erfolg: all dies hat Gott mir geschickt! Als solches habe ich es hinzunehmen. Gott weiß gewiß mindestens sosehr wie ich es weiß, daß die mir sich aufdrängenden lästernden Zwangsgedanken fernab von meinem wahren religiösen Empfinden vor sich gehen; er wird sie gewiß nicht weiter ernst nehmen. Ich aber soll und will es von nun an ebensowenig. Ich will vielmehr an ihnen vorbeidenken – an meiner Neurose vorbeileben. In diesem Sinne werde ich sie ignorieren – etwa so, wie einen Köter, der mich verbellt, der aber nur noch mehr bellt, wenn man nach ihm tritt – während er zu bellen aufhören wird, wenn man ihn eben ignoriert! Wenn ich aber gar von vornherein auf das Bellen gar nicht höre, dann werde ich es wohl überhaupt überhören." Und schon am nächsten Tag berichtet uns der Patient, daß er zum erstenmal seit nicht weniger als zehn Jahren die erste volle Stunde völligen Freiseins von seinen Zwangsvorstellungen erlebt habe.

Dann reiste er in seine Heimat ab. Mehrere Wochen danach teilt er brieflich mit, wie verhältnismäßig gut es ihm gehe – sogar trotz inzwischen eingetretener ungünstiger äußerer Umstände.

„Freilich meldet sich hin und wieder ein zwangsneurotischer Einfall, aber ich begegne ihm in Gelassenheit und mit Humor – wie ich es gelernt habe. Wenn etwa des Morgens, beim Erwachen, ein solcher Gedanke sich regt, dann denke ich mir für mich: 'Guten Morgen, die Zwangsneurose – schon da?' und lächle innerlich darüber und über die ganze Neurose, und schon gehe ich zur Tagesordnung, zu meinem Tagewerk über, das ich Gott und meiner Familie zuliebe vollführe."

Kommentar

Frankls Therapie sieht einfach aus: die Zwangsimpulse ignorieren, und damit basta. Aber wer die Problematik kennt, weiß, wie zäh und fast unabschüttelbar Zwangsimpulse sind. Wie gelang es *Frankl* dennoch, das Kunststück einer Blitzheilung (nach so vielen Jahren Krankheitsdauer) zu vollbringen?

Er setzte auf die stärkste „Kraft" im Patienten, die stärker war als bloß gesunder Trotz oder Humor: auf den echten und wahren Glauben. Gerade wegen dieses Glaubens litt der Patient unsäglich an seinen ungewollten Blasphemien – und gerade mit Hilfe dieses Glaubens sollte er sie geistig überspringen. Welch ein geniales therapeutisches Konstrukt! „Was regst du dich auf? Vertrau' ... Gott kann das Wahre vom Falschen unterscheiden", lautete die Botschaft, der sich der Patient nicht entziehen konnte. *Frankl* steigerte noch seine Genialität, indem er im (von Gott gesandten) Geschick des Patienten Positives und Negatives zusammenband: „Da ist meine Neurose, mein Familienglück, mein beruflicher Erfolg ..." Es brauchte keiner mühsamen Argumente mehr, dass der Mann neben seinem Leiden in vielerlei Hinsicht Grund zur Dankbarkeit und Zufriedenheit hatte, und dass daher absolut kein Anlass bestand, sein Leben wegzuwerfen.

Frankl wusste, dass sein Patient in wenigen Tagen abreisen musste. Was gab er ihm mit, gleichsam für die „Hausapotheke"? Ein Gleichnis, an das sich der Patient nach Monaten noch erinnern würde, denn nichts verhakt sich so sehr im Gedächtnis eines Menschen wie die Bildsprache. „Lass' die Zwangsneurose bellen wie einen unwichtigen Köter am Straßenrand, tritt nicht nach ihr (= schenk' ihr keine Beachtung!), überhöre sie!" Was machte der Patient daraus? Er „überlächelte" sie bereits beim ersten Augenaufschlag des Morgens ... und ging zur Tagesordnung über. Er war gerettet.

Recht und Pflicht am Grab

Text von Viktor E. Frankl *

Herr Stefan, 58 Jahre alt, kommt aus dem Ausland, nur seinen Freunden zuliebe, denen er sein Wort verpfändet hat, sich nicht das Leben zu nehmen, ohne nach Wien gekommen zu sein und mit mir gesprochen zu haben. Seine Frau ist vor 8 Monaten gestorben, an einem Karzinom. Daraufhin hat er sich das Leben zu nehmen versucht, war wochenlang interniert, und auf meine Frage, warum er den Selbstmordversuch nicht wiederholt habe, antwortet er: „Nur deshalb nicht, weil ich noch etwas zu erledigen hatte." Und zwar hatte er sich um das Grab seiner Frau

* aus: „Theorie und Therapie der Neurosen", Reinhardt, München, 7. Aufl. 1993, S. 187-188

zu kümmern. Ich frage: „Und darüber hinaus haben Sie keine Aufgaben zu erfüllen?" Darauf antwortet er: „Alles kommt mir sinnlos, nichtig vor." Ich: „Kommt es darauf an, wie es Ihnen vorkommt: ob nichtig oder nicht? Ist es undenkbar, daß Ihr Sinnlosigkeitsgefühl Sie täuscht? Sie haben das Recht, das Gefühl zu haben, daß nichts und niemand Ihnen Ihre Frau ersetzen kann; aber Sie haben die Pflicht, sich die Chance zu geben, einmal anders zu fühlen und die Zeit, zu der Sie es tun werden, überhaupt zu erleben." Er: „Ich kann keinen Geschmack mehr am Leben finden." Ich mache ihn darauf aufmerksam, es von ihm zu verlangen, wäre zuviel verlangt, aber die Frage ist, ob er die Verpflichtung hat, trotz allem weiterzuleben. Daraufhin er: „Pflicht ...? Das sind Phrasen. Alles ist nutzlos." Und ich: „Geht so etwas wie Freundschaft und Ehrenwort, geht so etwas wie Grabsteine setzen – für Tote, das heißt, für Wesen, die nicht mehr real existieren – ***nicht*** *über alle unmittelbare Nützlichkeit und Zweckmäßigkeit hinaus? Wenn Sie sich verpflichtet fühlen, der Toten zuliebe einen Grabstein zu setzen – fühlen Sie sich nicht mehr verpflichtet, ihr zuliebe weiterzuleben?"*

Tatsächlich hatte er das Verpflichtetsein jenseits utilitaristischer Erwägung unbewußt und unausdrücklich anerkannt. Es hatte nicht genügt, ***den Patienten beim Wort zu nehmen****, wie es seine Freunde getan hatten: es galt,* ***ihn bei der Tat zu nehmen*** *... Faktisch hatte er sich so verhalten, wie einer, der an das Verpflichtetsein, mehr als dies: an einen höheren Sinn des Daseins, glaubt:* ***an etwas, das ihm Sinn gibt zu jeder Zeit und so denn auch noch nach dem letzten Atemzug dessen, den er liebt, ja, bis zum letzten Augenblick seines Daseins.***

Kommentar

Die obige Patientenberatung startete ähnlich wie die vorherige. Der Kranke kam von auswärts nach Wien angereist, weil die bisherigen therapeutischen Bemühungen um ihn nicht gefruchtet hatten, und sich Freunde wegen seiner zunehmenden Todessehnsucht Sorgen um ihn machten. Die Sachlage war aber eine vom vorhergehenden Fall grundverschiedene. Der Patient befand sich in einer reaktiven Depression und in einem Wertevakuum nach dem Verlust seiner geliebten Frau.

Frankl eröffnete die Krisenintervention mit einer schockierenden und trotzdem wohldurchdachten Frage, nämlich, *warum* sich der Patient bislang nicht ein zweites Mal zu suizidieren versucht habe. Damit holte er den letzten vorhandenen Grund fürs Weiterleben aus der Versenkung: die Grabpflege. *Frankl* suchte nach weiteren „Lebensgründen" bzw. Aufgaben, die auf den trauernden Mann warten könnten, aber der Kranke wehrte ab. Alles erschien ihm sinnlos.

Nun kam der Philosoph *Frankl* zum Zug. Kommt es darauf an, wie uns etwas *erscheint* oder wie es *ist?* Kommt es auf subjektive Empfindungen oder auf objektive Gegebenheiten an? Jede subjektive Empfindung kann täuschen, vorübergehen, wechseln, in die Irre führen. Auf „Scheinbares" ist nicht zu bauen. Was zählt, ist das Echte. *Frankl* rang mit dem Patienten um dessen Anerkennung objektiven Verpflichtetseins, das Leben weiterzuführen. „Ihr Gefühl, Ihr fehlender Geschmack sind unwichtig", so *Frankls* Argument, „es kann eine Zeit kommen, in der Sie anders fühlen – dafür müssen Sie sich aufheben ..."

Es ist interessant, dass der Patient nicht auf der Übermächtigkeit seiner subjektiven Gefühle beharrte, sondern am Wort „Pflicht" hängen blieb. Ja, er hatte die Pflicht gespürt, den Grabstein zu setzen. Ja, er hatte die Pflicht gespürt, ein Ehrenwort zu halten. Ja, es gab auch eine Pflicht, seine tote Frau nicht rückwirkend zur Vernichterin seiner Existenz zu degradieren, und das heißt, ihr zuliebe weiterzuleben ... langsam verdichtete sich das „wieder Ja zum Leben sagen" in seiner Seele.

Ärztliche Seelsorge

Text von Viktor E. Frankl *

Als ein prominenter Jurist, an dem wegen arteriosklerotischer Gangrän eine Beinamputation vorgenommen werden mußte, zum ersten Male danach das Bett verließ, um die ersten einbeinigen Gehversuche zu machen, brach er in Tränen aus. Da fragte ihn sein Arzt (= **Frankl***), ob er etwa darauf aspiriere, Langstreckenläufer zu werden; denn dann, aber auch nur dann, wäre seine Verzweiflung verständlich. Diese Frage zauberte sofort ein Lächeln unter Tränen herbei. Sofort hatte der Patient die an sich so banale Tatsache erfaßt, daß der Sinn des Lebens nicht einmal für einen Langstreckenläufer ausschließlich darin liege, möglichst flott zu gehen, und daß das menschliche Leben nicht so arm an Wertmöglichkeiten sei, daß es durch den Verlust einer Extremität bereits sinnlos werden könnte.*

* aus: „Ärztliche Seelsorge", Deuticke, Wien, 10. Aufl. 1982, S. 230-231

Kommentar

Als *Viktor E. Frankl* dieses Vorkommnis aufzeichnete, schwebte ihm wohl das Schlagwort „In der Kürze liegt die Würze“ vor. Doch wird das ärztliche Gespräch mit dem Beinamputierten in Wirklichkeit ausführlicher und zeitaufwendiger gewesen sein, als es uns überliefert ist. *Frankl* hob im Text einfach die Quintessenz aus seinem Dialog mit dem Patienten hervor, und diese kumulierte in der extrem provokanten Frage: „Wollen Sie Langstreckenläufer werden?“ Der Patient wird die Frage nicht nur spontan verneint, sondern auch ihr nachgesonnen haben: Was soll diese absurde Frage? Die Antwort hörte er mit: Wenn *ja,* dann war die Verzweiflung, die ihn gerade schüttelte, okay. Wieder galt es, nachzusinnen: Wenn also *nicht ja,* dann ...? Plötzlich hellte es sich unter seinen Tränen auf. Eine Gedankenkette begann sich bei ihm abzuspulen, vielleicht in der Art: „Warum verzweifle ich? Hängen die Freude und der Segen meines Lebens daran, dass ich flott gehen kann? Das Spektrum meines Lebens ist reich, ist weit; es enthält unsagbar viele Erfüllungsmöglichkeiten. Ich bin doch Jurist, ich arbeite mit dem Kopf, nicht mit den Beinen, ich habe Hobbys, die ich im Sitzen tätigen kann, ich kenne liebe Menschen, die zu mir halten, ob ich ein Bein oder zwei Beine habe ...“ Mag sein, dass die Tränen noch eine Weile an den Wangen des Patienten hingen, aber ohne Nachfluss trockneten sie alsbald ein.

Die Würde des Menschen bleibt

Text von **Viktor E. Frankl** *

Zu uns wird ein etwa 60jähriger Mann gebracht, der an einem Defekt- und Endzustand nach Dementia praecocissima leidet. Er hört Stimmen, halluziniert also akustisch, ist autistisch, tut den ganzen Tag nichts anderes als Papier zerreißen und führt solcherart ein scheinbar ganz und gar sinnloses Leben. Wollten wir uns an die Einteilung der Lebensaufgaben nach Alfred Adler halten, so erfüllt unser Patient – dieser „Idiot", wie er genannt wird – keine einzige der Lebensaufgaben: einer Arbeit geht er nicht nach, von der Gemeinschaft ist er so gut wie ausgeschlossen, und das Geschlechtsleben, von Liebe und Ehe nicht zu sprechen, ist ihm versagt. Und dennoch: Welch eigenartiger, merkwürdiger Charme geht von diesem Menschen aus, vom Kern seiner Menschlichkeit – die von der Psychose unberührt geblieben ist: vor uns steht ein Grandseigneur!

Aus dem Gespräch ergibt sich, daß er mitunter jähzornig aufbraust, aber im letzten Moment sich zu beherrschen imstande ist. Da geschieht es, daß ich ihn von ungefähr frage: „Wem zuliebe beherrschen Sie sich dann doch?" – und er antwortet mir: ***„Gott zuliebe ..."*** *Und da fallen mir die Worte von Kierkegaard ein: „Selbst wenn der Wahnsinn mir das Narrenkleid vor die Augen hielte – ich kann meine Seele noch erretten: wenn meine Liebe zu Gott in mir siegt." Erst wenn man einmal dort steht, von wo aus sich das trostloseste und aussichtsloseste Schicksal tragen läßt – nämlich nur „Gott zuliebe", wie unser „idiotischer" Patient uns bewiesen hat: dann erst kann man Ja zum Leben sagen trotz allen Bedingungen und Umständen, auch unter mißlichsten und ungünstigsten.*

* aus: „Logotherapie und Existenzanalyse", Beltz, Weinheim, 3. Aufl. 1998, S. 145-146

Kommentar

Diese Passage ist ein rührendes Plädoyer *Frankls* für die unverlierbare Würde der Person. Sie ist aber auch verfahrenstechnisch bemerkenswert. Denn was machte *Frankl* mit dem dementen Mann? Ein vernünftiges Gespräch war nicht möglich. Als Psychiater wird *Frankl* die Dosierung der notwendigen Neuroleptika überwacht haben. Was weiter? Er muss aus dem Patienten irgendwie hervorgelockt haben, was diesem manchmal gelang: *Es gelang ihm manchmal, sich im Zorn zu beherrschen.* Wir können nicht davon ausgehen, dass der Patient wusste, wie reduziert die affektive Impulskontrolle im Zustand der Schizophrenie ist, und welch erstaunliche Leistung es daher darstellt, wenn ein Schizophrener seine Affekte in Grenzen hält. Trotzdem muss *Frankl* dem Patienten vermittelt haben, dass eine solche Beherrschung mehr mit „Gelingen" und „Leistung" zu tun hat, als die tägliche Menge zerrissenen Papiers.

Auf dieser Kommunikationsstufe angekommen, stellte *Frankl* – ähnlich wie im Fallbeispiel zuvor – *eine* griffige, *eine* entscheidende Frage. 99 von 100 Psychologen hätten vermutlich anders gefragt. Sie hätten eher gefragt: „Worüber ärgern Sie sich, wenn Sie jähzornig aufbrausen?" Anders *Frankl.* Seine Frage lautete: „Wem zuliebe beherrschen Sie sich ...?" Und da man meistens findet, was man sucht, fand er einen goldenen Schlüssel zum verborgenen heilen Persönlichkeitskern des Kranken. Was *Frankl* „dort" erschauen durfte, bewog ihn, sich vor dem „Idioten" in Hochachtung zu verneigen.

Lebenskunst einer Kranken

Text von Viktor E. Frankl *

Selbst der geisteskranke Mensch „ist" für uns keine Krankheit, sondern in erster Linie Mensch, also ein Mensch, der eine Krankheit „hat". Und wie menschlich kann dieser Mensch sein, wenn er auch noch so krank ist, und auch wenn er geisteskrank ist, wie menschlich kann er nicht nur trotz und in seiner Krankheit sein, sondern in seiner Einstellung zur Krankheit.

Da lernte ich vor vielen Jahren eine alte Frau kennen, die seit Jahrzehnten an einer schweren Geistesstörung litt und ständig von Sinnestäuschungen gepeinigt wurde: Immer hörte sie „Stimmen", die all ihr Tun und Lassen kritisierten und mit höhnischen Bemerkungen quittierten – gewiß ein höchst qualvoller Zustand. Wie aber hatte diese Frau zu diesem ihrem schrecklichen Schicksal Stellung genommen, wie hatte sie sich mit diesem Schicksal – ausgesöhnt! Denn sichtlich hatte sie das getan: war sie doch im Gespräch, während der Schilderung ihres Zustands, trotzdem gelassen und heiter; war sie doch im Rahmen des Möglichen sogar ein arbeitsamer Mensch geblieben. Selber erstaunt darüber, erlaubte ich mir die vorsichtige Frage, was sie denn von diesem Zustand denke und wie sie so lächeln könne, ob denn dieses fortwährende Stimmenhören nicht allzu grauenhaft sei. Und was gab sie zur Antwort? „Mein Gott – ich denk' mir halt, Herr Doktor, es ist immer noch besser, ich hör' Stimmen, als wenn ich schwerhörig wär'." Und schelmisch lächelte sie weiter.

Welche Menschlichkeit, welche menschliche Leistung – man ist verführt zu sagen: welche Lebenskunst birgt doch diese Äußerung!

* aus: „Die Sinnfrage in der Psychotherapie", Piper, München, 6. Aufl. 1996, S. 114-115

Kommentar

Man findet, was man sucht ... ja, aber sucht denn die traditionelle Psychiatrie das Urmenschliche in den Kranken? Sucht sie individuelle Einstellungen der Kranken zu ihren Krankheiten? Fragt sie danach, wieso einer trotz seiner Krankheit noch heiter und gelassen sein kann? Derlei sind seltene Suchaktionen. Für *Frankl* waren sie selbstverständlich. Wiederholt suchte er das Lächeln auf den Wangen seiner Patienten, und fand er es nicht, versuchte er, es hervorzulocken. Für ihn gehörte es zur exquisiten Lebenskunst, sich mittels Humor von unabänderlichen Schwierigkeiten des Lebens zu distanzieren und sich quasi innerlich darüber zu erheben.

Wir dürfen überzeugt sein, dass er die alte Frau, von der er hier erzählte, sehr gelobt und in ihrer Lebenskunst bestärkt hat. Vielleicht hat er ihr sogar allen Ernstes zugesagt, ihre imponierende Äußerung in einem Fachbuch zu veröffentlichen. Und natürlich hat er – wie stets – Wort gehalten. Jedenfalls wird nicht nur er sich noch lange an sie erinnert haben, auch sie wird die Begegnung mit diesem „menschlichen" Psychiater nicht so schnell vergessen haben.

Akzeptanz einer Hörstörung

Text von Viktor E. Frankl *

Im folgenden wollen wir den Fall eines Patienten anführen, der an einer Laesio auris interna leidet. Neben der Octavusaffektion findet sich eine rechtsseitige Schwäche des Mundfacialis, doch zeitigt unsere Fahndung in Richtung auf die Möglichkeit eines Kleinhirnbrückenwinkelprozesses ein negatives Ergebnis. Der Patient gibt nun an, er führe seine Schwerhörigkeit auf seelische Ursachen zurück und erwarte von uns, daß wir ihn auf seelischem Wege von dieser ... seelisch bedingten Gehörstörung befreien. Wir klären ihn über seine irrtümliche Auffassung auf; seine Enttäuschung jedoch versuchen wir damit zu parieren, daß wir ihn darauf hinweisen, daß er den Defekt längst überkompensiert habe: durch seine richtige Einstellung sei die Schwerhörigkeit insofern von ihm zu etwas Fruchtbarem gemacht ... worden, als er nie soviel gelesen und sich so sehr gebildet hätte, wenn er sich nicht gerade durch die Schwerhörigkeit zu reichlicher Bücherlektüre veranlaßt gesehen hätte – wie er uns vorher selber berichtet hat.

Trotzdem gibt unser Patient ... seiner Trauer darüber Ausdruck, daß er nicht mehr, wie früher, Dienst als Lokomotivführer machen kann. Demgegenüber müssen wir ihn darauf verweisen, daß bezüglich innerer Befriedigung und Erfüllung durch Arbeit das Wo herzlich wenig, nur umso mehr aber das Wie wichtig ist. Nun wendet der Kranke aber ein, es liege ihm dennoch alles daran, „das eine" wieder zu erreichen: Lokomotivführer zu sein. Daraufhin halten wir ihm vor Augen, daß er es ja immerhin einmal

* aus: „Die Psychotherapie in der Praxis", Deuticke, Wien, 4. Aufl. 1982, S. 226-227

erreicht habe – und das könne ihm nichts mehr auf der Welt rauben: daß ihm immerhin einmal diese berufliche Erfüllung zuteil geworden ist; jetzt gelte es, eben etwas anderes zu erreichen. Und in der elastischen Anpassungsfähigkeit seiner idealen Zielsetzung an die realen Gegebenheiten müsse sich seine geistige Spannkraft nun bewähren.

Kommentar

Im Unterschied zur psychotischen Patientin von vorhin, die „zu viel“ an Stimmen hörte, hörte dieser Patient – organisch bedingt – „zu wenig“ und musste sich mit seinem Defekt aussöhnen. Offenbar war ihm auch mit einem Hörgerät nicht geholfen oder gab es entsprechende Geräte in der damaligen Zeit noch nicht. *Frankl* hatte jedenfalls keinen leichten Start bei ihm. Erstens musste er den Patienten darüber belehren, dass bei dessen Hörstörung keine seelischen, sondern körperliche Ursachen vorlagen. Zweitens musste er ihm die enttäuschende Nachricht übermitteln, dass mit medizinischen Mitteln keine Besserung in Aussicht gestellt werden konnte.

Frankl war sich feinfühlig bewusst, welchen „Hammerschlag“ er seinem Patienten zu versetzen hatte. Deswegen ließ er bei seinem ärztlichen Doppelaufklärungsgespräch sogleich eine Sinnperspektive aus der Tragik mitaufleuchten: der Patient hätte nie so viel gelesen, hätte sich nie so intensiv weitergebildet, wenn dessen Gehör normal geblieben wäre … (Dabei profitierte *Frankl* von seiner Gewohnheit, neben anamnestischen Daten zum Krankheitsverlauf stets auch vorhandene Wertbezüge und Interessen seiner Patienten – hier das eifrige Lesen des Mannes – zu eruieren. Er war wirklich ein Vorreiter des heute allmählich in Gang kommenden Paradigmawechsels von der Mängelorientiertheit zur Ressourcenorientiertheit in der Heilkunde!)

Die angebotene Sinnperspektive zog jedoch nicht recht. Das Problem des Patienten lag tiefer und war mit ablenkendem Lesen nicht zu beheben: er trauerte um seinen Traumberuf. *Frankl* tastete sich am Strahl der Sinnperspektive entlang weiter: Sinn kann jedem Beruf abgerungen werden in der Art, *wie* man ihn ausübt, egal, ob in einer Lokomotive oder an einem Schreibtisch ... Nein, der Patient beharrte auf seinem Traumberuf. Nun gut, *Frankl* „ließ“ ihm den Traumberuf – in der lebensgeschichtlichen Wahrheit. „Du hast deine berufliche Erfüllung bekommen, du hast deine Jahre in der Lokomotive gehabt, niemand kann sie dir mehr rauben. Sei zufrieden mit deinem wahr gewordenen Traum, von dem andere auch träumen mögen, ohne dass er sich je erfüllen mag. Du hast das Deine in deiner Lebensernte geborgen, da fällt es niemals heraus ...“ Dieser Argumentation dürfte sich der Patient versöhnlich geöffnet haben, denn wir erfahren von keinem Einwand seinerseits mehr. Und so konnte *Frankl* aus der unverlierbaren „glorreichen“ Vergangenheit des Patienten den Absprung schaffen in dessen Zukunft, in der etwas anderes auf die Spannkraft des Hörgeschädigten wartete als bisher – etwas zwar anderes, aber nicht weniger Sinnvolles.

Vorbild bis zuletzt

Text von Viktor E. Frankl *

Die Notwendigkeit und Möglichkeit ärztlicher Seelsorge soll an einem chirurgischen Fall exemplifiziert werden: Eine Krankenschwester meiner Klinik wird operiert, und der Tumor erweist sich bei der Probelaparotomie als inoperabel. In ihrer Verzweiflung läßt mich die Krankenschwester zu sich bitten. Im Gespräch ergibt sich, daß sie nicht einmal so sehr wegen ihrer Krankheit verzweifelt ist, als vielmehr wegen ihrer Arbeitsunfähigkeit: sie liebt ihren Beruf über alles, kann ihn aber jetzt nicht mehr ausüben. Was hätte ich dieser Verzweiflung gegenüber sagen sollen? Die Situation dieser Krankenschwester war ja wirklich aussichtslos (eine Woche später starb sie).

Dennoch habe ich versucht, ihr klarzumachen: Daß sie acht oder weiß Gott wieviel Stunden im Tag arbeitet, ist noch keine Kunst – das kann ihr bald jemand nachmachen; aber so arbeitswillig sein wie sie und dabei so arbeitsunfähig – und trotzdem nicht verzweifeln, das wäre eine Leistung, sagte ich ihr, die ihr nicht so bald jemand nachmachen kann. Und, so fragte ich sie weiter, begehen Sie nicht eigentlich ein Unrecht an all den Tausenden von Kranken, denen Sie als Krankenschwester doch Ihr Leben geweiht haben: begehen Sie kein Unrecht an ihnen, wenn Sie jetzt so tun, als ob das Leben eines Kranken oder Siechen, also eines arbeitsunfähigen Menschen, sinnlos wäre? Sobald Sie in Ihrer Situation verzweifeln, sagte ich ihr, tun Sie ja so, als ob der Sinn eines Menschenlebens damit stünde und fiele, daß der

* aus: „Theorie und Therapie der Neurosen", Reinhardt, München, 7. Aufl. 1993, S. 178-179

Mensch so und so viele Stunden arbeiten kann; damit aber sprechen Sie allen Kranken und Siechen jedes Lebensrecht und alle Daseinsberechtigung ab. In Wirklichkeit haben Sie gerade jetzt eine einmalige Chance: Während Sie bisher all den Menschen gegenüber, die Ihnen anvertraut waren, nichts anderes leisten konnten als dienstlichen Beistand, haben Sie nunmehr die Chance, mehr zu sein: menschliches Vorbild.

Kommentar

Was sagt man einem Todgeweihten? Ein heikle Frage, die gewiss nicht allgemein beantwortbar ist. Immer werden die besonderen Umstände einer einzigartigen Person in ihrer terminalen Lebenssituation zu berücksichtigen sein. Deswegen hat *Frankl*, als ihn die o. g. Krankenschwester um seinen Besuch bat, anfangs genau zugehört und hingehört. Er trat nicht mit der vorgefertigten Meinung an das Krankenlager, die Frau verzweifle, weil ihre Tage gezählt waren. Alle unsere Tage sind gezählt, jeder von uns ist ein Todeskandidat. Doch fällt es jedem von uns aus einem anderen Grunde schwer, sich vom Leben zu verabschieden. Wo saß also das Verabschiedungserschwernis bei jener Krankenschwester? *Frankl* hörte zu und hörte hin ...

Es zeigte sich, dass die Frau ihre Arbeit geschätzt hatte, dass sie mit Begeisterung berufstätig gewesen war. Und jetzt lag sie ohnmächtig darnieder! *Frankl* packte sie bei ihrem Ehrgeiz: Wenn man arbeitswillig ist, ist das Arbeiten keine Kunst. Man tut, was man mit Vergnügen tut. Aber arbeitswillig zu sein und gleichzeitig einen Zustand der völligen und endgültigen Arbeitsunfähigkeit akzeptierend auszuhalten, *das* ist Heroismus pur.

Wir wissen nicht, ob die sterbende Frau ehrgeizig genug war, sich zu solchem Heroismus herausfordern zu lassen. Wahrscheinlich signalisierte sie eher Skepsis, weswegen *Frankl* dazu überging, sie bei ihrem Verantwortungsbewusstsein als Krankenschwester zu packen. „Begehen Sie nicht ein Unrecht an all den Kranken ...?" *Frankl* packte ziemlich kräftig zu. „Wenn Sie verzweifeln, drücken Sie damit indirekt aus: das Leben der Kranken, Arbeitsunfähigen ist sinnentleert, überflüssig, schlichtweg zum Weinen ..." Wovon sprach *Frankl* hier? Er erläuterte auf seine Weise, dass jeder Mensch in erster Linie durch sein Da-Sein und So-Sein in die Welt wirkt, und nur in zweiter Linie durch sein Tun. Er sprach davon, dass jeder eine Ausstrahlung auf seine Mitmenschen hat, und dass diese Ausstrahlung ermutigt oder deprimiert, Hoffnung anfacht oder abwürgt, je nachdem. „Du hast doch dein Leben den Kranken geweiht ... nun, schenk' ihnen jetzt, da du selber krank bist, das Beste, das du hast: dein tapferes Vorbild!"

Ich bin sicher, *Frankl* hat es auch diesmal geschafft, von seiner Patientin voll und ganz verstanden worden zu sein.

Das Leben – ein Fehlschlag?

Text von Viktor E. Frankl *

Eines Tages stolpere ich in eine von meinem Assistenten K. Kocourek veranstaltete gruppentherapeutische Sitzung hinein. Soeben bespricht die Gruppe den Fall einer Frau, der vor kurzem ihr 11jähriger Junge an einem Blinddarm-Durchbruch zugrunde

* aus: „Der leidende Mensch", Huber, Bern, 2. Aufl. 1984, S. 38-39

gegangen war, während der 20jährige Sohn zurückblieb, der an Morbus Little leidet und im Rollstuhl fortbewegt werden muß. Die Mutter hatte versucht, sich das Leben zu nehmen, und war daraufhin zu mir in die Klinik gebracht worden.

Da schalte ich mich ein und greife eine junge Frau heraus, die ich improvisierend auffordere, sich vorzustellen, sie sei an die 80 Jahre alt, ihr Tod stehe bevor, und sie blicke auf ihr Leben zurück, und zwar ein Leben voll von gesellschaftlichem Prestige und erotischem Erfolg, aber auch nicht **mehr** *als alledem: Was würde sie zu sich selbst sagen? „Ich hatte es gut im Leben, war reich, wurde verwöhnt, hielt die Männer zum Narren, indem ich mit ihnen flirtete, und ließ mir nichts abgehen. Nunmehr bin ich alt, ich lasse keine Kinder zurück und muß sagen, daß mein Leben streng genommen ein Fehlschlag war; denn ins Grab kann ich mir nichts mitnehmen. Wozu war ich auf der Welt?"*

Nun lade ich die Mutter des Behinderten ein, sich in dieselbe Lage zu versetzen und zu sagen, was **sie** *sich dächte: „Ich hatte mir Kinder gewünscht, und dieser mein Wunsch ging in Erfüllung. Das jüngere starb, und mit dem älteren blieb ich zurück. Wenn nicht ich gewesen wäre, hätte aus ihm nichts Rechtes werden können. Es wäre in irgendeiner Anstalt gelandet; aber so war ich es, die aus ihm einen Menschen machte.* **Mein** *Leben war* **kein** *Fehlschlag. Mag es auch noch so schwer gewesen sein, es war voll von Aufgaben, und wenn es mir gelungen sein sollte, sie zu bewältigen, war es sinnvoll. Nunmehr kann ich ruhig sterben." Nur schluchzend brachte sie diese Worte hervor. Die Mitpatienten jedoch hatten ihnen entnommen, daß es wohl weniger darauf ankommt, ob das Leben eines Menschen lust- oder leidvoll, als vielmehr darauf, ob es sinnvoll ist, und dem gegenüber tritt sogar die längere oder kürzere Dauer eines Menschenlebens zurück.*

Kommentar

Kein Zweifel, das Schicksal ist manchmal grausam. Für eine Mutter gibt es nichts Schlimmeres, als ein Kind zu verlieren. Dass die Mutter im obigen Fallbeispiel noch dazu das gesunde Kind verlor und mit ihrem schwerbehinderten Kind zurückblieb, grenzte nahezu an einen „Hohn“ des Schicksals. Hier ein Trostwort zu finden, ist praktisch unmöglich. Meines Erachtens war *Frankl* auch gar nicht darauf aus, die Mutter zu trösten. Er war sich ihres „untröstlichen“ Leides bewusst. Er wollte sie vielmehr im Leben und in der Lebensbejahung halten. Und da er sich mitten in einer Gruppensitzung befand, nützte er die Runde sofort für eine demonstrative Inszenierung. Er versetzte die Patientin imaginativ ans Ende ihres Lebens und hielt ihr zwei „Zauberspiegel“ vor Augen, die beide Rückblicke auf ein gelebtes Frauenleben gewährten. Der eine „Zauberspiegel“ zeigte abgelaufene Jahre voller „Fun und Spaß“: Prestige, Reichtum, Erfolg. Danach – ? Der andere „Zauberspiegel“ zeigte abgelaufene Jahre voller Mühen und Opfer: Geduld, Mutterliebe, Menschlichkeit. Danach – ein ruhiges Sterben im Wissen, nicht umsonst gelebt zu haben.

In die Gegenwart zurückversetzt, schluchzte die Patientin; aber mir dünkt, es war ein aufatmendes Schluchzen. Sie kannte wohl wieder ihren Weg. Ich kann mir vorstellen, dass auch die anderen Gruppenteilnehmer den Blick in die „Zauberspiegel“ auf ihre eigenen Wege mitgenommen haben, sei es als Warnung, sei es als Wegweiser. Was am Ende zählen wird, ist nicht das, was angenehm war, sondern das, was sinnvoll war.

Erziehung zwischen Vernachlässigung und Verwöhnung

Reich ist man nicht durch das, was man besitzt, sondern mehr noch durch das, was man mit Würde zu entbehren weiß. (Epiktet)

In der Erziehung von Kindern und Jugendlichen geht es im Wesentlichen darum, sie auf das Leben in einer Weise vorzubereiten, dass ihr Leben gelingen kann. Da menschliches Leben aber nur gelingen kann, wenn die heranreifende Person allmählich nicht nur mit den Gütern dieser Erde und nicht nur mit ihren Mitmenschen, sondern auch mit sich selbst bzw. ihrem eigenen Charakter sinnvoll umzugehen weiß, ist es von größter Bedeutung, sie in ihrer Autonomie zu fördern und zu stärken, sie von Abhängigkeiten aller Art zu lösen und sie an ihr eigenes innerstes Gespür für das Wahre und Richtige zu binden.

Erziehung wird schwieriger

Interessant dabei ist, dass ein ausbalancierter Erziehungsstil am ehesten zu solch einer gesunden Autonomie beiträgt. Denn Erziehung ist immer eine Gratwanderung zwischen zwei unguten Extremen wie zuviel Strenge und zuviel Milde, zuviel Behütung und zuwenig Beachtung, kurz, zwischen Vernachlässigung und Verwöhnung. Die extremen Erziehungsstile führen, so gegensätzlich sie sein mögen, zu ähnlichen Entwicklungssstörungen. Zum Beispiel können sowohl erhebliche Strenge als auch erhebliche Milde Ängste und Unsicherheiten erzeugen, weil sich der junge Mensch entweder nichts zutraut oder an nichts zu orientieren weiß. Überbehütung und „Unterbeachtung“ wiederum können Fehlentscheidungen Vorschub leisten, weil entweder nicht gelernt worden ist, eigenverantwortliche Entscheidungen zu treffen, oder in noch unreifen Stadien zu frühe Entscheidungen getroffen werden müssen. Zudem sind Vernachlässigung und Verwöhnung eindeutige Risikofaktoren in Hinblick auf neurotisch-hysterische Denkfiguren, weil sich in beiden Fällen eine egozentrische Verzichtunwilligkeit breit macht. In der Kindheit vernachlässigte Menschen haben nämlich so oft auf etwas verzichten müssen, dass sie nicht mehr dazu bereit sind; und in ihrer Kindheit verwöhnte Menschen haben so selten auf etwas verzichten müssen, dass ihnen derlei völlig fremd ist. Das Leben fordert aber sinnvolle Verzichte im Kontext mit wichtigen Projekten, übernommenen Aufgaben oder Familien- bzw. Teamangehörigen, und wer dann sein Ego in den Vordergrund schiebt, macht sich nicht nur unbeliebt, sondern sich und andere zunehmend unglücklich.

Allerdings muss die Bedeutung der Rolle, die die Erziehung im Werdegang eines Menschen spielt, heutzutage „nach unten“ korrigiert werden. Dafür gibt es einen doppelten Grund:

Zum einen haben im gesellschaftlichen Wandel unserer Zeit die Erzieher an Autorität verloren. Die Eltern und Lehrer haben vielfach ihre Führungs- und Vorbildqualität eingebüßt. Es mehren sich Stimmen, die besagen, dass sich heute die Eltern und Lehrer der jungen Generation gegenüber ziemlich hilflos fühlen. Die „Gurus“ der Jugendlichen und die Medien sind dabei die großen Gewinner – Pop-Idole und Bildschirme avancieren zu den neuen Erziehern.

Zum anderen hat uns die moderne Genforschung einen gelinden Schock versetzt. Was alles in der Mitgift der Gene drinnen steckt, ist atemberaubend. Sämtliche pädagogischen Bemühungen treffen auf eine nicht zu unterschätzende Menge ererbter, also angeborener Verhaltensmuster, die sich im Zweifelsfall mit Leichtigkeit durchsetzen – sehr zum Frust der wohlmeinenden Pädagogen. Schauen wir den Tatsachen ins Gesicht: So wie wir alle gewisse Talente in die Wiege gelegt bekommen haben, so tragen wir auch alle von Anfang an gewisse Charakterschwächen in uns, zum Beispiel Dispositionen in Richtung Verführbarkeit, Feigheit, Unaufrichtigkeit, Trägheit, Unbeherrschtheit und ähnliches.

Nun ist auch diesbezüglich die erst vor kurzem wissenschaftlich nachgewiesene Bedeutung der genetischen Mitgift um eine Spur „nach unten" zu korrigieren – eine „Spur", auf die uns *Viktor E. Frankl* gerade rechtzeitig zum Anbruch des Computerzeitalters und dessen eminenten Forschungsmöglichkeiten gebracht hat. Denn Dispositionen sind nicht mehr als psychische Neigungen, denen gegenüber wir als *geistige Person* immer noch eine Wahl haben: Die Wahl, ihnen nachzugeben oder eben nicht. Sie stellen Anfälligkeiten dar, ganz genauso, wie wir auch in unserer körperlichen Konstitution Anfälligkeiten vorfinden, denen gegenüber wir vorsorgen können oder eben nicht. Wer für Erkältungen anfällig ist, wird weise handeln, wenn er sich bei frostigen Temperaturen warm kleidet, wärmer vielleicht als manche seiner Mitmenschen es brauchen, die abgehärtet sind. Oder wer für Rückenbeschwerden anfällig ist, wird weise handeln, wenn er einen sitzenden

Beruf durch regelmäßige gymnastische Übungen ausgleicht. Das Stichwort „Vorsorge“ passt analog für psychische Anfälligkeiten. Wer weiß, dass er leicht „die Nerven verliert“, wird weise handeln, wenn er sich nur so viel Stress aufhalst, als unbedingt notwendig ist. Oder wer erfahrungsgemäß bei Vergnügungen „auf die Zeit vergisst“, wird weise handeln, sich diszipliniert an das Motto „erst die Arbeit, dann das Vergnügen“ zu halten. Die *Person* ist es, die mit ihrem Charakter umgeht, sich ihm ausliefert oder ihn formt, sich auf ihn ausredet oder das Beste aus ihm herausholt, und nicht umgekehrt; nicht der Charakter ist es, der über eine Person dominiert und ihre Lebensmarschroute vorgibt. Die *Person* ist ihr eigener Herr bzw. ihre eigene Frau im Hause, zumindest sollte sie es sein, denn ist sie es nicht, dann treiben ihre Gene und ihre Milieuprägungen ein wildes Spiel mit ihr.

Herausforderung Aggression

Aus Anlass der besorgniserregenden Zunahme von Aggressionsdelikten in der Bevölkerung einer Ländergemeinschaft, die 2012 mit dem Friedensnobelpreis ausgezeichnet worden ist (!), möchte ich im folgenden die erwähnte Analogsituation der vernachlässigten oder verwöhnten Menschen hervorheben und an Hand von ihr den *Franklschen* Denkansatz durchkomponieren.

Ein trauriges Fallbeispiel:

Als ich in den 1980er Jahren eine Erziehungsberatungsstelle in München leitete, habe ich erlebt, dass eine Mutter zur Beratung kam, die von der Hüfte abwärts voller Blutergüsse war, die ihr 13-jähriger Sohn ihr zugefügt hatte. Damals war dies eine Novität. Der Junge hatte sich einen Hund gewünscht und ihn auch bekommen mit der Auflage, dass er täglich mit dem Hund spazieren gehen müsse. Als der Junge nach einigen Wochen seine Zusage nicht mehr gehalten und die Pflege des Tieres gänzlich seiner Mutter überlassen hatte, hatte diese eines Vormittags den Hund in die Tierhandlung zurückgetragen. Mehr brauchte es nicht. Der Junge war von der Schule heimgekommen, hatte erfahren, dass der Hund nicht mehr im Hause war, und daraufhin mit einem Stuhlbein auf die Mutter eingedroschen. Die Mutter hatte ihrem Mann nichts von dem Vorfall erzählt aus lauter Angst, er könne seinerseits vor Entsetzen über den Jungen herfallen. Sie fragte mich, was sie tun solle.

Ich begleitete sie nach Hause und sprach mit dem Jungen. Er war trotzig und zeigte keine Reue. Ich schlug ihm ein Arrangement vor, wonach er sich verpflichten solle, a) seine Mutter täglich mit einer Heilsalbe einzureiben, und b) ihr kleine Arbeiten im Haushalt abzunehmen, wofür sie ihm kleine Geldsummen geben würde, die ihm später einmal den selbständigen Kauf eines Hundes erlauben würden, den er dann jedoch zuverlässig versorgen müsse. Ferner regte ich an, dass der Junge selber dem Vater berichte, was geschehen war, die Eltern gleichzeitig bitte, ihm zu verzeihen, und dass er verspreche, ein derartiger Ausrutscher werde niemals mehr vorkommen. Der Junge erklärte sich zu nichts davon bereit. Er schmetterte jede Wiedergutmachungsvariante ab. Das Ende vom Lied war, dass der Hausarzt der Mutter eine Heimunterbringung des Kindes beantragte und der Junge extern untergebracht wurde.

Fachliche Überlegungen dazu:

Was war in der Erziehung dieses jungen Menschen schief gelaufen? Ich war damals erstaunt, wie wenig konkrete Anhaltspunkte es dafür gab. Das Kind war ein Einzelkind, was seine Sehnsucht nach einem lebendigen Spielgefährten verständlich machte. Es hatte von klein auf alles gehabt, was moderne Kleinfamilien zu bieten haben: ein eigenes Kinderzimmer, eine Menge didaktisch wertvolles Spielzeug, dazwischen ein paar Spielzeugwaffen, haufenweise Plüsch- und Schmusetiere, Zugang zum Fernseher, einen eigenen Schreibtisch für die Schularbeiten, Ferien im Wohnwagen mit Urlaubseindrücken von Meer, Sand, Sonne und Bootfahrten – und Eltern, die ihn sich von Herzen gewünscht hatten. Der Vater war abends manchmal gereizt und müde, aber sonst ein guter Kumpel; die Mutter, eine ehemalige Stenotypistin, war nicht die beste Hausfrau, besaß aber ein ausgleichend freundliches Wesen und einen großen Bekanntenkreis. Schläge hatte es in der Erziehung des Buben kaum gegeben, nur äußerst selten war der Vater handgreiflich geworden, doch meistens wurde der Sohn gelobt, belohnt und verhätschelt. Alles in allem eine Durchschnittsfamilie, und doch war etwas geschehen, was vom Durchschnitt abwich. Wieso?

Das wird wohl für immer ein Geheimnis bleiben, denn kein menschliches Verhalten ist bis ins Letzte erklärbar. Von hundert Kindern, die unter identischen Bedingungen aufgewachsen wären, hätte wahrscheinlich nur ein einziges die Hand gegen die Mutter erhoben. Doch kann es sein, dass es einem Gutteil der hundert Kinder schwer gefallen wäre, sich verantwortlich um einen Hund zu kümmern, und dass es ca. der Hälfte davon schwer gefallen wäre, den Verlust eines Hundes ohne größeren Zornausbruch zu akzeptieren, und zwar aus dem einfachen Grunde, weil alle diese hundert Kinder *verwöhnt* gewesen wären wie der Junge aus meinem Beispiel.

Lassen wir im Unterschied dazu unserer Phantasie freien Lauf und nehmen wir theoretisch an, der Junge wäre in einem völlig anderen Milieu groß geworden, in einem wesentlich brutaleren Umfeld: in einer Familie, in der Schläge an der Tagesordnung gewesen wären und familiäre Auseinandersetzungen mit Hilfe von Stuhlbeinen üblich, in einer Familie, in der Blumen, Tiere und Mitmenschen vernachlässigt wurden inklusive der eigenen Kinder. Hätte der tragische Ausbruch des Jungen dann nicht genauso passieren können, ja, sogar noch ein Quäntchen mehr Verständnis in der Mitwelt gefunden? Das ist richtig, denn ein vernachlässigendes Erziehungsklima fördert ähnlich hysterische Reaktionsweisen wie ein verwöhnendes Erziehungsklima. Der gemeinsame Nenner ist diese fehlende Verzichtbereitschaft, ohne die Leben in Pattstellungen einmündet. Entweder muss man auf die Freuden eines Haustieres verzichten, oder man muss auf diejenigen Bequemlichkeiten verzichten, die daraus resultieren, dass man keine Rücksicht auf die Bedürfnisse eines Haustieres nehmen muss, weil keines da ist. Beides gleichzeitig funktioniert nicht.

Der Mensch als „kreativer Maler"

Menschliche Existenz unterscheidet sich von den anderen Lebensformen, die wir kennen, durch ein schöpferisches Gestaltungsprinzip, das der Geistigkeit des Menschen entspringt. Symbolisch könnte man sagen, der Mensch ist ein Maler, der ein Leben lang vor einer Leinwand und bunten Farbtiegeln steht, den Pinsel in der Hand. Im Moment seiner Zeugung ist seine Leinwand noch leer, und die Farbtiegel sind noch unbenützt, trotzdem ist beides vorgegebenes Material, das etwa der Genmischung der befruchteten Eizelle entspricht. Das Material kann von differenter Qualität sein, im Gleichnis: die Leinwände können groß oder klein, die Farben in den Tiegeln leuchtend oder matt sein. Ist das entscheidend? *Frankl* hat diese Frage kategorisch verneint, denn zu den Malutensilien tritt ja die Malkunst des neu entstandenen Menschleins hinzu wie zur Zellmaterie der *personale Geist*, und somit beginnt sich etwas („jemand") eigenmächtig zu regen und zu gestalten. Im Zuge des Wachsen und Werdens wird die Lebensleinwand gefüllt, es werden Farben aufgebraucht oder unbenützt gelassen, es wird leere Fläche überpinselt oder ausgespart, es wird Leuchtendes gedämpft oder Mattes aufpoliert … bis am Ende, im Augenblick des Todes, ein einzigartiges und unverwechselbares Gemälde entstanden ist, ein gelebtes Menschenleben auf dem Hintergrund der Ewigkeit, ein Bild, an dem sich dann nichts mehr ändert, weil es zu seiner Vollendung gelangt ist.

Aus dieser Sicht wird erkennbar, dass der Mensch stets mitentscheidet, was aus ihm wird. Er ist der Maler, der entscheidet, was ins Bild kommt – allerdings über das Mittel *derjenigen* Leinwand und *derjenigen* Farben, die ihm jeweils zur

Verfügung stehen. Das je Vorzufindende bestimmt der Künstler nicht, nur das daraus zu Gestaltende. Auch Eltern suchen sich ihre Kinder nicht aus, aber sie entscheiden, wie sie mit ihnen umgehen. Und Kinder suchen sich ihre Eltern nicht aus, aber sie entscheiden, was sie mit den Erziehungsimpulsen (den zusätzlichen Farbtiegeln), die sie von ihnen erhalten haben, anfangen.

An diesem Punkt unserer Überlegungen möchte ich den Stellenwert der (von manchen Menschen leider wenig geschätzten) Verzichtbereitschaft noch einmal hervorheben. Wie ist es mit einer zu bemalenden Leinwand in der Realität? Wir können eine grüne Wiese mit einem blauen Himmel über ihr in sie hineinfabrizieren. Dann müssen wir jedoch darauf verzichten, feuriges Rot und Gelb auf der Leinwand zu verteilen. Wir können alternativ einen purpurnen Sonnenuntergang in den zu malenden Himmel setzen, dann müssen wir jedoch auf zartes Blau und sattes Grün verzichten. Alles zugleich widerspräche jenem geistigen Gestaltungsprinzip, das seit Anbeginn der Evolution auf Auswahl und Verwirklichung des Gewählten beruht. Wer alle seine Möglichkeiten verwirklichen wollte, der gliche einem Maler, der sämtliche Farbtiegel über seiner Leinwand ausschüttet und sich damit jeder weiteren Gestaltungsmöglichkeit beraubt.

So ist es in gewisser Weise dem 13-jährigen Jungen ergangen, von dem ich berichtet habe. Er wollte alles haben, Hund plus Bequemlichkeit, „blauen Himmel plus feuerrotem Farbschwall", und als ihm diese Kombination verweigert wurde, was pädagogisch durchaus richtig war, ist er ausgerastet. Vielleicht hat die Mutter ein bisschen zu spät damit begonnen, ihm einen Verzicht abzufordern. In der Kindheit des Buben war immer alles da gewesen, was sein Herz begehrt hatte: Zuwendung, Spielsachen, elterliche Aufmerksamkeit und Fürsorge; nie ist verlangt worden, dass auch er für etwas oder jemanden da sei ...

Bei den vernachlässigten Kindern passiert das genaue Gegenteil: zu viele Wünsche werden ihnen abgeschlagen. Sie müssen auf Mutter- und Vaterliebe verzichten, und oft auf sonstige Grundrechte wie regelmäßige Ernährung, Körperhygiene oder schulische Förderung. Den „hellblauen Farbtiegel" gibt es nicht, und der „feuerrote" wird ebenfalls aus ihrer Reichweite geschoben. Wenn sie dann eine Chance wittern, den einen oder anderen „Tiegel" per Gewalt und Erpressung doch noch zu ergattern, zögern sie nicht und schmieren alles, dessen sie habhaft werden können, auf ihre „Leinwand". Auch diese Bilder verdüstern sich. Und doch ...

Selbstgestaltung und Selbstüberwindung

Viktor E. Frankl hat uns mit seinem ermutigenden Hinweis, dass sich zur Endogenese und Exogenese, also zum angeborenen Erbgut und zu den äußeren Milieueinflüssen ein dritter Faktor gesellt, nämlich das der Person eigene Selbstgestaltungspotential in Eigenentscheidung und Eigenverantwortung, ungemein viel Hoffnung gemacht; Hoffnung auch für jene vernachlässigten oder verwöhnten Kids, die in egozentrischen Bahnen dahinschlittern. Denn sie bleiben nicht Kids, und eines Tages werden sie in der Lage sein, den eigenen aggressiven und hysterischen Trieben Paroli zu bieten, wenn sie das aufrichtig möchten. Eines Tages werden sie in der Lage sein, in die notwendigen Verzichte einzuwilligen, mit großer Überwindung zwar, aber immerhin.

Eltern können ihren Kindern diese Überwindungsleistung, die schließlich auch misslingen kann, erleichtern, wenn sie ihren Erziehungsstil von vorn herein in der gesunden Mitte ansiedeln, das heißt, zwischen Forderung und Förderung, zwischen Gaben und Aufgaben, zwischen Belasten und Entlasten. Wobei anzumerken ist, dass die Eltern nicht der eigentliche Maßstab von Zwang und Freiheit sind. Zünftig philosophisch betrachtet gibt es sowohl für die Eltern als auch für die Kinder in jeder Lebenssituation ein sinnvolles Soll, eine Aufgabe, die dem einzelnen zufällt. Ein solches Soll, eine solche Aufgabe kann darin bestehen, dass sich der Betreffende *ausruhen soll*, um wieder zu Kräften zu gelangen, oder aber auch darin bestehen, dass er sich *anstrengen soll*, um seine Kräfte in ein lehrreiches Spiel bzw. in eine sinnvolle Arbeit zu investieren. Schon ein Kind kann beizeiten lernen, „auf den Ruf zu horchen", der an es ergeht; aber das ist im Ursprung kein Ruf von Vater und Mutter, von Kindergärtnerin und Lehrer, von Tradition und Gesellschaft, wenngleich er anfangs über Bezugs- und Kontaktpersonen verdeutlicht wird. In Wahrheit ist das Kind *vom Leben* zu etwas gerufen. Wenn es einem anderen Kind den Baukasten weggenommen hat, dann ist es dazu gerufen, ihm diesen zurückzugeben (darauf zu verzichten, ihn selbst zu benützen). Wenn ihm ein anderes Kind die Puppe wegnehmen will, ist es dazu gerufen, sich (unter Verzicht auf Brutalitäten) zu wehren und ggf. sich einvernehmlich mit dem anderen Kind auseinanderzusetzen. Wenn es die Schule besucht, ist es dazu gerufen, seine Schularbeiten zu erledigen (auf ein Stück Spielzeit zu verzichten). Wenn seine Geschwister schlafen, ist es dazu gerufen, rücksichtsvoll leise zu sein (auf fröhliches Geschrei zu verzichten). Wenn es eine Topfpflanze hat, ist es dazu gerufen, diese zu gießen …

Das alles sind urgründlich keine Befehle der Eltern, wie sie zunächst in den Ohren des Kindes erklingen, sondern Sinnaufrufe der einzelnen Lebenssituationen, die vom Kind zunehmend erspürt werden können mit Hilfe der zarten, sich vortastenden Antennen seines in Entfaltung begriffenen Gewissens, wenn es nur dafür aufgeschlossen wird. *Viktor E. Frankl* schrieb die bemerkenswerten Sätze: *

Wir leben im Zeitalter eines um sich greifenden Sinnlosigkeitsgefühls. In diesem unserem Zeitalter muss es sich die Erziehung angelegen sein lassen, nicht nur Wissen zu vermitteln, sondern auch das Gewissen zu verfeinern, so dass der Mensch hellhörig genug ist, um die jeder einzelnen Situation inne wohnende Forderung herauszuhören. In einem Zeitalter, in dem die Zehn Gebote für so viele ihre Geltung zu verlieren scheinen, muss der Mensch instand gesetzt werden, die 10.000 Gebote zu vernehmen, die in den 10.000 Situationen verschlüsselt sind, mit denen ihn sein Leben konfrontiert. Dann wird ihm dieses sein Leben wieder sinnvoll erscheinen.

Daraus folgert klar, was mit der so wichtigen Verzichtwilligkeit gemeint ist. Gemeint ist immer ein *sinnvoller Verzicht*, dessen Sinn darin liegt, dass er etwas Sinnvolles ermöglicht: die Erfüllung eines Gebots der Stunde. Gemeint ist nie eine ichfeindliche Selbstkasteiung, eine Bestrafung, ein unvernünftiges Opfer, eine sinnwidrige Erniedrigung. Der Verzicht des

* aus: „Psychotherapie für den Alltag“, Herder, Freiburg/Br., 1992, S. 23

erwähnten 13-jährigen Jungen auf die tägliche Bequemlichkeit zu Hause hätte seinem Hund einen „hundewürdigen Auslauf" beschert. Oder anders herum: Der Verzicht auf den Hund hätte diesem unter den gegebenen Umständen ein „hundeunwürdiges Hin und Her" erspart. Von da war der Schritt nicht weit zur nächst höheren Stufe. Der Verzicht auf die Misshandlung der Mutter hätte eine menschenwürdige Eltern-Kind-Beziehung aufrecht erhalten. Kurzum, die pädagogisch gesunde Mitte finden wir dort, wo Kinder gelernt haben, *von sich aus* um einer sinnvollen Sache willen zu verzichten, wenn es nötig ist, und sich ihre Wunschbefriedigung dort zu holen, wo ein Verzicht unnötig ist.

Zwei Erfahrungsbeispiele mögen den genannten Erziehungsaspekt untermauern.

Erfahrungsbeispiel Nr. 1:

Das erste Beispiel betrifft eine Erfahrung aus dem Rehabilitationsbereich. Im Zuge von Rehabilitationsmaßnahmen wird versucht, einem Menschen, dessen körperliche und/oder psychische Gesundheit eine Zeit lang in einem kritischen Zustand gewesen ist, die Wiedereingliederung in ein normales Leben zu erleichtern und ihn vor Rückfällen zu schützen. Dabei ist die Rückfallgefahr erstaunlicherweise am größten, wenn sich die Lebensumstände des Rehabilitanten am besten stabilisiert haben. Ein ehemals Drogenabhängiger erzählte mir dazu die nachstehende Geschichte:

Er hatte 14 Monate in einer therapeutischen Wohngemeinschaft verbracht und war dem Drogenschlamassel entronnen. Aber es ging ihm äußerst schlecht. Er litt an schweren Hepatitisanfällen, er hatte keine Arbeit, keine Unterkunft und keine Freunde. Die Verbindung zu seiner Herkunftsfamilie war abgebrochen und seine frühere Freundin hatte sich von ihm getrennt. Dennoch bündelte er seine wenigen Kräfte und baute eins nach dem anderen wieder auf. Er ging regelmäßig zur ärztlichen Behandlung, fand eine Aushilfsstelle in einem Maschinenlager, mietete sich eine kleine Wohnung, die er eigenhändig möblierte, sprach sich mit seinen Familienangehörigen aus und verlobte sich mit einer netten Arbeitskollegin. Es kam der Tag, an dem das neu aufgebaute Lebensgebäude eingeweiht wurde, mit einem fröhlichen Fest bei den Eltern seiner Verlobten, die den jungen Mann trotz seiner Drogenvergangenheit akzeptierten und ihm ihr volles Vertrauen schenkten. Außerdem wurde seine Fixanstellung gefeiert, die er kurz zuvor in der Maschinenfabrik erhalten hatte. Alles war harmonisch und in Ordnung. Da gingen bei dem Fest die Zigaretten aus, und der junge Mann erbot sich, welche zu holen. Er kehrte nicht mehr zurück und wurde von der Polizei nachts in einem dunklen Mauerwinkel liegend gefunden, vollgepumpt mit Heroin.

Er kam auch aus diesem Rückfall wieder heraus, aber er musste noch etwas dazulernen, was er in Kindertagen versäumt hatte zu lernen: Der Sinnanruf an einen Menschen ist ein *immerwährender* und darf nicht verwechselt werden mit einer subjektiven Zielsetzung.

Das Problem der erreichten Ziele

Natürlich kann es sinnvoll sein, sich ein Ziel zu setzen und sich um die Zielerreichung zu bemühen. Allein, was geschieht *nach* der Zielerreichung? Das ist ein gefährlicher Zeitpunkt. Wie viele Ehen gehen just dann kaputt, wenn das hart erarbeitete Eigenheim fertig gestellt ist, und man genießerisch darin sitzen kann, während sie ausgezeichnet gehalten haben, solange man sich noch gemeinsam um das zu entstehende Eigenheim abgerackert hat! Wie viele jüngere Leute rutschen just dann ab, wenn sie eine Ausbildung erfolgreich beendet haben, während sie sich in den Jahren und Monaten vor ihren Schlussprüfungen diszipliniert dem Tagesablauf untergeordnet haben! Wie viele ältere Leute verfallen in ein depressives Lamento just dann, wenn sie den Höhepunkt ihrer beruflichen Karriere erklommen haben und sich in gesichertem Fahrwasser bewegen können, während sie vital und munter gewesen sind, solange sie um ihre Karriere ringen und für sie schuften haben müssen! Es ist das Problem der erreichten Ziele, dass sie jedes weitere Streben zunächst abwürgen und damit ein scheinbares Sinnvakuum öffnen. Wofür soll man sich *jetzt* noch engagieren?

Wohl dem, der imstande ist, den immerwährend neuen Ruf zu vernehmen. Wohl dem, der schon als Kind gelernt und sich von seinen Eltern abgeschaut hat, dass es *immer* eine Aufgabe gibt, die auf einen wartet – ob es einem gut oder schlecht geht, ob ein Ziel in weiter Ferne liegt oder soeben zur Wirklichkeit geworden ist. Nie darf man sich abgeschlafft auf seinen Lorbeeren ausruhen, nie ganz die Hände in den Schoss legen; stets gibt es etwas am dynamischen Gemälde des Lebens, das noch gestaltet werden soll. Nur der Tod breitet den endgültigen Firnis darüber aus, der keinen Pinselstrich mehr erlaubt, dafür aber das Bild konserviert.

Es ist deswegen nicht das Anliegen der Erziehung, den Kindern ihre kleinen Zielerreichungen so einfach und so angenehm wie möglich zu machen. Es ist nicht einmal das Hauptanliegen der Erziehung, die Fähigkeiten der Kinder für unterschiedliche Zielerreichungen zu stärken, seien sie physischer, kognitiver oder sozialer Art. Vielmehr geht es in erster Linie um die Entwicklung der *einen* Fähigkeit, sich selbst immer wieder aufs neue Ziele zu setzen aus der tiefen Überzeugung heraus, dass keine Lebenssituation und keine Minute des Lebens sinnlos ist, auch nicht diejenige Minute, in der wir bei einer Zielerreichung scheitern, und auch nicht diejenige Minute, die einer geglückten Zielerreichung nachfolgt.

Erfahrungsbeispiel Nr. 2:

Das zweite Erfahrungsbeispiel, das ich angekündigt habe, lässt sich kurz umreißen. Es wurden so gut wie nie in Krieggefangenenlagern psychosomatische Krankheitsfälle beobachtet, was u. a. der ehemalige KZ-Häftling *Frankl* bestätigt hat. Es gehen weltweit die Fälle von Neurosen und Erschöpfungssyndromen rapide zurück, sobald Wirtschaftskrisen, Hungersnöte oder sonstige Bedrohlichkeiten ein Volk heimsuchen. Magersucht und Brechsucht sind unbekannt in Ländern der dritten Welt bzw. des einstigen Ostblocks. Familienkrisen und Beziehungskräche blühen im Wohlstand auf und verwelken in echten Notlagen, in denen die Menschen zusammenrücken, um einander beizustehen. Was kann man daraus schließen?

Zukunftsauftrag Selbstbeschränkung

„Wenn es dem Esel zu gut geht, geht er aufs Eis tanzen", sagt der Volksmund. „Jeder Untergang einer menschlichen Kultur beginnt mit einem Güterüberfluss", sagen die Ethnologen. Sehr tröstlich klingt das nicht für unser – trotz Schuldenbergen – materiell privilegiertes Abendland. Es ist höchste Zeit, gegenzusteuern und unsere Kinder vor der leider heute noch verbreiteten Mentalität einer Konsum- und Wegwerfgesellschaft zu schützen. Man bedenke: *Ein* Teddybär wird geliebt, *fünfe* nicht, dem *zehnten* wird aus lauter Langeweile der Arm ausgerenkt und das Glasauge herausgerissen. Man bedenke: Auch der Urlaub in der Heimat ist schön, mitunter kindgerechter und erholsamer für die ganze Familie, als das Gedränge an überfüllten Badestränden zwischen den Souvenirläden einer exotischen Küste. Unsere Jugend lebt einer Epoche entgegen, in der der Gesamtgürtel der Menschheit sehr viel enger wird geschnürt werden müssen, als uns dies bisher bewusst ist. Die Elektronisierung und Globalisierung wird von den wachsenden Menschenmassen angesichts sinkender Planetressourcen ungeheure Umstellungen erzwingen. Wer dann genügsam haushalten kann, wird überleben. Wer bescheiden bleibt, wird sich einen Zipfel Zufriedenheit erobern. Wer die Natur und ihre Wesen wertzuschätzen vermag, wird innerlich reich sein auch noch in bitterer Armut. Wer danken kann, dem wird auch ein schweres Schicksal den Lebensmut nicht völlig zerstören.

Noch nie zuvor in der Geschichte ist die Zukunft unseres Geschlechts so fragwürdig gewesen wie heute, und das heißt im Klartext: Wer heute seine Kinder vernachlässigt, der macht sich schuldig an den Kettenreaktionen von Gewalt und Terror, die quer durch alle Schichten rollen. Und wer heute seine Kinder verwöhnt, lässt sie ins offene Messer einer Zukunft rennen, die aller Voraussicht nach keinesfalls mehr verwöhnend sein wird.

Beeindruckendes Fallbeispiel:

Mir ist bei einem Seminar in Italien ein Mann begegnet, der ohne Arme geboren worden ist. Er war jedoch durch seine Behinderung kaum eingeschränkt, denn er hatte mit seinen Füßen ein derartiges Geschick entwickelt, dass er Gegenstände vom Boden aufheben, Schalter betätigen, ja sogar mit den Zehen schreiben konnte. An einer Bahnstation schlüpfte er vor meinen Augen mit einem Fuss aus dem Schuh, ergriff die Fahrkarte mit den Zehen, steckte sie zum Abstempeln in einen Automaten, danach in seine Hosentasche zurück, und schlüpfte mit dem Fuss zurück in den Schuh. Die übrigen Seminarteilnehmer und ich waren von ihm so beeindruckt, dass wir ihn fragten, wie er sich diese Akrobatik angeeignet habe. Er verwies lächelnd auf seine Kindheit:

Wenn er als Kind morgens aufgestanden sei, erklärte er, habe ihm seine Mutter Hose und Hemd aufs Bett gelegt und gesagt: „Nun sieh zu, wie du in dein Gewand hineinkommst!" Er habe sich wie ein Aal gewunden, um sich irgendwie zu bekleiden. Einmal habe sein älterer Bruder, der daneben stand, die Mutter vorwurfsvoll gefragt: „Warum bist du so hart und hilfst ihm nicht?" Da habe sie sich mit Tränen in den Augen abgewandt und geantwortet: „Das ist die einzige Möglichkeit, wie ich ihm helfen kann."

Exakt das war es: die einzige Möglichkeit der Mutter, diesem ihrem Sohn zu einem selbständigen Leben zu verhelfen.

Erziehung (mit aber auch) *zur* Liebe

Denken wir manchmal an jene Mutter, die es aushielt, dass sich ihr Kind beim Anziehen abquälte und dadurch lernte, als Erwachsener auf eigenen Füßen zu stehen, im wahrsten Sinne des Wortes – ohne Arme auf seinen Füßen zu stehen. Denken wir an sie, wenn wir uns geneigt fühlen, ein Kind zu verweichlichen und zu verwöhnen, um es später in den Existenzkampf entlassen zu müssen, unvorbereitet und verzichtunwillig. Auch unsere Kinder werden im übertragenen Sinne ohne Arme geboren: die Arme der biologischen Instinkte sind vielfach verkümmert, sie können den Menschen kaum mehr unterstützen; die Arme des Glaubens sind geschrumpft, sie können den Menschen nur mehr bedingt emporheben; die Arme eines aus der Überlieferung heraus gültigen und bergenden Moralsystems sind gebrochen und geben keinen Halt mehr. Die Menschen von morgen werden ihren geistigen Halt in sich selbst finden müssen, in ihrem eigenen Gewissen, oder sie werden – haltlos sein.

Was da not tut, ist zweierlei: Die Liebe, die wir Eltern unseren Kindern schulden. Die Liebe, die sich darin ausdrückt, dass wir unsere Kinder nicht vernachlässigen, sondern ihnen zukommen lassen, was sie brauchen, vor allem Zeit, ein friedliches Miteinander, ein redliches Vorbild. Aber noch ein zweites tut not: unser Aufruf zur Liebe. Zu einer Liebe, die die Kinder ihrer Mit- und Umwelt schulden, und die sich darin ausdrückt, dass sie nicht nur etwas brauchen, sondern auch *für etwas gebraucht werden können.* Ein Aufruf zur Liebe, der jeder Verwöhnungshaltung entgegengesetzt ist und die Hellhörigkeit des Kindes stärkt für den jeweiligen und immerwährenden Sinnanruf der Situation, der genauso genommen ja nichts anderes ist als der Ruf der Liebe schlechthin.

Frankls „tragischer Optimismus“ in Bezug auf die Jugend

Es ist besser, auch nur eine Kerze anzuzünden, als über die Finsternis zu klagen.
(Chinesischer Spruch)

Die Jugend … was ist das für ein nie versiegendes Thema für die Generationen; Born ständiger Sehnsucht für die einen, Anstoß ständigen Unmutes für die anderen, Blüte und Zankapfel zugleich, ungegorene stürmische Kraft, die das Neue hervorbringen soll, ohne zu ahnen, wie dieses Neue beschaffen sein könnte, und ohne das Alte zu zertrampeln, von dessen Bewährung sie nichts weiß.

Nur noch Resignation?

Viktor E. Frankl mochte die jungen Menschen, und sie mochten ihn. Es ist erstaunlich, wie gerne sie seine Vorlesungen und Vorträge besuchten, auch als er bereits in „großväterlichem“ Alter war. Er glaubte an sie, und das spürten sie. Wenn er lautstark die Behauptung aufstellte, die Jugend sei besser als ihr Ruf, schmunzelten sie in sich hinein. Und wenn er behauptete, dass kaum eine Bevölkerungsschicht so beharrlich auf der Suche nach Sinn sei wie die Jugendlichen, dann nickten sie zustimmend mit ihren Köpfen. Sie fühlten sich von ihm zutiefst verstanden.

Doch auch *Frankl* wusste von den extremen Herausforderungen der Gegenwart und sprach sogar von einer „Pathologie des Zeitgeistes". Freilich gab es zu allen Zeiten einen Wandel, vielleicht einen langsameren Wandel als heute, aber dennoch eine je aktuelle Veränderung, die in jugendlichen Herzen und Köpfen mehr oder weniger wild ihren Ausgang nahm. Die Spannungen zwischen alt und jung sind ihrerseits uralt und gehören zum Rhythmus des menschlichen Lebens wie die Gezeiten zum Meer. Trotzdem liegt heute etwas noch nie Dagewesenes in der Luft. Etwas, das nicht nur aus chemischen Verschmutzungssubstanzen besteht, sondern aus geistigen Partikeln, wenn man dies Bild gebrauchen will, aus Partikeln eines zerstobenen Ganzen, das unkittbar in Brüche gegangen ist: der Werteschatz des überlieferten Sittenkodex. Die Heranwachsenden atmen stattdessen einen skeptischen Wertenihilismus ein, der seelische Übelkeit erzeugt bis hin zu allergischen Überreaktionen an Aggression, Destruktion und Provokation, die, ähnlich wie die allergischen Überreaktionen des Körpers, von Nichtigkeiten ausgelöst werden können, was die Kooperation mit ihnen so schwierig gestaltet. Jochen Gerstenmaier, ehem. Professor am Institut für Empirische Pädagogik und Pädagogische Psychologie der Universität München, sagte bei einem Vortrag schon in den frühen 1990-jahren lakonisch: „Gemeinsam zwischen Eltern und Jugendlichen ist nur noch die Resignation." Vielleicht haben die jungen Zuhörer dabei ebenfalls mit ihren Köpfen genickt, aber geschmunzelt haben sie sicher nicht.

Da es in der Fachliteratur genügend Problemanalysen dazu gibt, möchte ich nur drei Gesichtspunkte herausgreifen, um an Hand von ihnen zu exemplifizieren, welch ein Hoffnungsträger die Frage und Suche nach Sinn speziell bei den Jugendlichen ist, und wie sehr sie ans menschlich Substantielle rührt.

Problem Nr. 1: Frühreife und Daueradoleszenz

Es ist nicht zu leugnen, dass in unserer Gesellschaft die Kindheit früher endet und das Erwachsenwerden später einsetzt als jemals zuvor. Das bedeutet, dass sich die Adoleszenz nicht nur vorverlagert hat, sondern auch beängstigend lange andauert. Während die Jugendzeit noch vor ca. 60 Jahren ein Anhängsel der Kindheit war, ein kurzes Zwischenspiel auf dem Weg zum Ernst des Lebens, ist sie mittlerweile ein zäher langer Zeitraum geworden, besetzt mit Prozessen der Selbstsuche und Selbstfindungsversuche, durch den die geschlechtsreifen Zwitter von Halbkindern und Halberwachsenen dahinstolpern und von einem Stolperloch ins nächste plumpsen.

Die Akzeleration, also die Frühreife, geht auf innersekretorische Vorgänge im Organismus zurück, die ausgelöst wurden durch die Umweltreize eines seit Dekaden veränderten Lebensstils wie etwa die kalorien- und eiweißhaltige Nahrung bei gleichzeitiger Freistellung von schweren physischen Plagen. Die nicht zu unterschätzende Einflusssphäre der „allgegenwärtigen" Medien lässt zudem keine Nische geheimnisvoll kindlicher Traumwelt mehr unbeleuchtet und unangetastet, was vorzeitige Auseinandersetzungen mit Denkinhalten einleitet, die Kindsein im eigentlichen Sinne nicht mehr erlauben. Schon Zehnjährige sehen sich mit Umweltdramen, Sexdemonstrationen, Politskandalen etc. konfrontiert, durchschauen die Tricks der Computerspiele und werden zu Revolten gegen Verbindlichkeiten angestachelt, ehe sie Zeit haben, überhaupt Bindungen zu entwickeln.

Nun ist Frühreife nicht identisch mit einer schnelleren Ausreifung des Individuums, denn Anteile der Reifung können dabei zurückbleiben. So kann es geschehen, dass bei ein- und demselben jungen Menschen die körperliche Vollreife vorhanden ist bei gleichzeitig nachhinkender psychischer Reife und kaum erkennbarer geistiger Mündigkeit. Es braucht uns deshalb nicht zu erstaunen, wenn Helmut Schulze meinte*, wir befänden uns – trotz allgemeiner Frühreife – im Zeitalter eines um sich greifenden Infantilismus. Es sind die nachhinkenden Reifungsanteile, die das Phänomen der scheinbar nicht enden wollenden Daueradoleszenz erzeugen, weil alles Nachreifen unsicherer und komplizierter ist als zeitgemäßes Reifen – nicht nur beim Obst, sondern auch beim Menschen.

Problem Nr. 2: Subkultur versus Familie

Der bereits zitierte Jochen Gerstenmaier hat an der Universität München umfangreiche Studien an Hunderten von Jugendlichen durchgeführt und ist dabei zu dem Ergebnis gelangt, dass sich die Jugendlichen zunehmend an ihrer Peergroup, also den Gleichaltrigen orientieren und weniger an familiären Vorbildern. Die Peergroup hat auf Grund ihres anschwellenden Bedeutungsgrades eine eigene Subkultur zur Entfaltung gebracht, der die jungen Menschen haufenweise zuströmen. Sie diktiert die Mode, die Musik, die technische Ausstattung, den Jargon der Jugendlichen, ihre Anschauungen und ihr Verhalten. Als Gerstenmaier 1995 bei zwei Drittel seiner befragten Studienobjekte eine „Peergroup-Orientierung" diagnostizierte, gebrauchte er das Wort von der „Abdankung der Eltern als Vorbild".

* „Konfrontation als Hilfe zur Befriedung neurotischer Beziehungsstörungen", Enke, Stuttgart 1985, S. 66

Wenn die Eltern der 15- bis 18-Jährigen also kaum noch eine Vorbildfunktion innehaben, und ihre Erziehungsfunktion durch die Frühreife ihrer Kinder längst im Abklingen ist, dann bleibt ihnen (umso mehr bei den Daueradoleszenten) hauptsächlich die Finanzierungsfunktion übrig, und das ist für ein harmonisches Zusammenleben ein bisschen wenig an Gegenseitigkeit und ein bisschen viel an Einseitigkeit. Dass die daraus resultierenden häuslichen Reibereien die jungen Menschen erst recht in die Reihen ihrer Gleichaltrigen treiben, versteht sich von selbst.

Eine weitere Folge der Subkulturorientierung ist, dass die Jugendlichen von den Erfahrungen der Älteren kaum mehr profitieren. Also müssen sie manches über eigene schmerzliche Erfahrungen lernen. Auch können ihnen sinnstiftende Werte, die sich in einer langen Tradition als dem Leben zuträglich bewährt haben, nur mehr begrenzt vermittelt werden. Die bitteren Selbsterfahrungen der Jugendlichen schüren ihre Zukunftsängste, und das Nicht-mehr-vermitteln-Können sinnstiftender Werte schürt die Zukunftsängste ihrer Eltern … vielleicht ist darin das Fundament der gemeinsamen Resignation (Gerstenmaier) zu sehen.

Problem Nr. 3: Geduld- und Ausdauerschwund

Der moderne Fortschritt hat es den jüngeren Generationen ermöglicht, viele ihrer Bedürfnisse auszuleben. Das ist durchaus begrüßenswert. Ein Haken ist allerdings dabei, der sich allmählich flächendeckend bemerkbar macht: gewisse Eigenfähigkeiten der Menschen schwächen sich ab. Sehen wir uns dies am einfachen Beispiel „Auto“ an. Das Auto hat es uns leicht gemacht, von einem Ort zum anderen zu gelangen, aber zugleich schwer gemacht, einen längeren Fußmarsch durchzustehen. Wer von denen, die nicht gerade zu den „Wandervögeln" zählen, ist noch imstande, größere Strecken des Weges ohne Muskelverkrampfungen und einknickenden Knien zurückzulegen? Da ich selbst gerne wandere, weiß ich, dass die schönen Wälder meiner Heimat heutzutage selbst an Wochenenden leer sind. Wenn man – selten genug – auf andere Wanderer trifft, sind es meistens Personen von 50 Jahren aufwärts. Die Jugend (die immer dicker wird) fehlt.

Nun kann die moderne Technik noch viel mehr: Sie nimmt dem Menschen nicht nur Körperkraft ab, sie nimmt ihm auch Verstandeskraft ab, was zweifellos die kritischere Variante ist. So weisen zum Beispiel die Navigationsgeräte in den Autos den Fahrern den Weg. Eine phantastische und hilfreiche Erfindung! Dass die Fahrer bei Ausfällen des Satellitenempfangs sich kaum mehr zurechtfinden, weil sie im Kartenlesen ungeübt sind, muss dabei in Kauf genommen werden. Bequemlichkeit hat stets den Preis, dass verlernt wird, Leistungen zu erbringen und Lasten zu tragen.

In diesem Zusammenhang gerät das schnelle Erfüllen kindlicher Wünsche ins Zwielicht der Fragwürdigkeit. Von wenigen Ausnahmen abgesehen sind die jungen Menschen unserer Gesellschaft in materieller Hinsicht verwöhnt, aber im Treibhausmilieu verwöhnender Wärme gedeihen auch Hedonismus und Egoismus, Überheblichkeit und Trägheit. Das alles bewirkt einen Knick in der Selbstdisziplin. Wollte man etwa in früheren Zeiten ein Auto haben, dann musste man es jahrelang ansparen, was Geduld und Ausdauer trainierte. Derlei ist mittlerweile überholt. Jetzt zahlt der Vater das Auto, oder die Bank schießt das Geld vor, aber warten muss man nicht. Bald *kann man es auch nicht mehr*: Das Warten. Das Regelmäßig-Geld-zur-Seite-Legen. Wen wundert es, dass die Schuldenberge wachsen …?

Analoges gilt für den immateriellen Bereich. Um sich in einem Fachwissen zu qualifizieren, muss man jahrelang lernen, mit Geduld und Ausdauer. Die Bereitschaft dafür sinkt. Je klüger die Computer werden, desto dümmer scheinen ihre Benutzer zu werden. Sie können nicht mehr Kopfrechnen, grammatikalisch einwandfreie Briefe schreiben, und laut Pisa-Studie hapert es selbst mit dem Lesen. Wen wundert es, dass die großen Künstler und Wissenschaftler der Gegenwart vermehrt aus dem fernen Asien stammen, wo Geduld und Ausdauer noch Werte sind, die den Kindern von klein auf antrainiert werden? Ja, sogar im Freizeitbereich ist der beschriebene Trend unübersehbar. Regelmäßige Aktivitäten sind unattraktiv geworden. Jugendliche gehen nicht Sonntag für Sonntag in die Kirche, sondern allenfalls zu dem Event eines Kirchentages. Sie besuchen nicht gerne regelmäßig den Gitarrenunterricht, dafür aber liebend gern ein einzelnes Jazzfestival. Sie werden nervös, wenn sie sich aus Seminaren und Bibliotheken Informationen beschaffen sollen, und huschen stattdessen ins superschnelle Internet. Und müssen sie doch einmal warten, etwa an der Kasse im Supermarkt oder an der Bushaltestelle, dann ziehen sie ihr Multifunktionshandy aus der Tasche, das ihnen die Interimszeit versüßt. Nur nicht still sein! Nur nicht die Gedanken schweifen lassen! Ruhe macht sie zappelig. Stille macht ihnen Angst.

Eine optimistische Weltsicht

Diese und ähnliche Entwicklungen tragen nicht dazu bei, optimistisch in die Zukunft zu blicken; und tatsächlich dünkt vielen Intellektuellen heute Pessimismus die einzige Form eines realistischen Weltbildes zu sein. Dem gegenüber hielt *Frankl* an einer *optimistischen Weltsicht* fest, wobei er sich jedoch im Unterschied zu den Thesen des „Positiven Denkens" von illusionären Erwartungen und Selbstmachtüberschätzungen distanzierte. Auf dem 3. Weltkongress für Logotherapie in Regensburg im Juni 1983 hat er in seinem Festvortrag mit dem Titel: „Argumente für einen tragischen Optimismus"* glaubhaft dargelegt, dass Sinn in praktisch jeder Lebenslage gefunden und verwirklicht werden kann, und dass sich gleichzeitig mit solcher Sinnerfüllung das Leben als bedingungslos bejahenswürdig erweist, wie verfahren es mitunter auch aussehen mag. Zweimal in seinem Vortrag nahm *Frankl* Bezug auf die Jugend:

Erster Bezug auf die Jugend:

Frankl berichtete von einer Beobachtung der amerikanischen Soziologin Carolyne Wood Sherif, die hochaggressive Kinder in einem Pfadfindercamp betreut hat. Sie hat versucht, deren Aggressionen mittels sportlicher Wettkämpfe zu „kanalisieren" – vergebens. Die Kindermannschaften prügelten aufeinander ein. Da geschah etwas Seltsames. Während eines Unwetters blieb ein Transportwagen mit Lebensmitteln im lehmigen Boden vor dem Lager stecken. Und siehe da, plötz-

* niedergelegt in seinem Buch „Der leidende Mensch", Piper, München, 1990, S. 79-100

lich waren alle Aggressionen der Kinder wie weggeblasen und die zerstrittenen Gruppen mühten sich gemeinsam Schulter an Schulter, den Karren wieder flott zu bekommen. *Frankl* meinte dazu: „Die Hingabe an die Aufgabe hat sie vereint und ihre Aggressionen buchstäblich vergessen lassen ..." und fügte hinzu: „... ist es dann verwegen, uns zu fragen, ob nicht die einzige Chance, dass die Menschheit überlebe, darin liegt, dass die Völker zu einer gemeinsamen Aufgabe finden?"

Zweiter Bezug auf die Jugend:

Frankl, der ein Vierteljahrhundert lang Vorstand der neurologischen Abteilung der Wiener Poliklinik gewesen ist, berichtete von eigenen Beobachtungen an gehandikapten Unfallopfern. Unter denjenigen, die ein unsägliches Leiden meisterhaft gestalteten und ertrugen, hob er insbesondere hervor: „... Burschen, die noch kurz vor ihrer Einlieferung auf ihrer Yamaha durch die Straßen ‚gedüst' waren, und Mädchen, die noch am Samstag davor in einer Disco die Nacht durchtanzt hatten ..."

Frankls „tragischer Optimismus" besagt demnach, dass Menschen geistig über sich selbst und ihre Schwächen hinauswachsen können, und zwar angesichts von wichtigen Aufgaben, die sich ihnen stellen, oder angesichts von Schicksalsschlägen, die ihre Pläne durchkreuzen. Er besagt ferner, dass nicht nur erfahrene, in den Lebensstürmen erprobte Personen dazu fähig sind, sondern auch Kinder und Jugendliche – ohne „Vorkenntnisse" irgendwelcher Art. Was unsere Hoffnung nährt, dass die resignative Parole der Intellektuellen glatt umzudrehen ist: Nicht gilt, dass pessimistisch sein *muss*, was realistisch ist, als vielmehr, dass realistisch werden *kann*, was optimistisch ist.

Die unentwegte Suche der Jugend nach Sinn

In diesem Zusammenhang möchte ich *Frankls* Argumente für einen „tragischen Optimismus" auf die gegenwärtigen Entwicklungen in der Jugendszene übertragen. Es gibt Anlass zu hoffen, dass die nächsten Generationen die Kraft aufbringen werden, den verhangenen Wertehimmel wieder aufzureißen und ihr geistiges Potential zu erneuern. Was dafür spricht, ist das den jungen Menschen eingeborene Streben und Sehnen nach Sinn, ihre unentwegte, teilweise sogar verwegene Suche nach Sinn, die durch nichts zu bremsen ist, weil es das absolute Vorrecht und Verlangen junger Menschen ist, ins Unbekannte aufzubrechen, fremde Ufer zu erforschen und sich selbst im Abglanz flackernder Ichentwürfe zu entdecken.

Damit soll nicht gesagt sein, dass ältere Personen der Sinnsuche abhold wären, doch haben die meisten Erwachsenen bereits Sinnerlebnisse gehabt und Erfüllungen gefunden, aus denen sie schöpfen können. Sie haben sich in beruflichen Spezifikationen etabliert, ihren persönlichen Interessen Raum verschafft, haben Liebesabenteuer ausprobiert und vielleicht in stetige Bahnen gelenkt, haben Nachwuchs gezeugt, Verantwortungen übernommen, Schmerzen ausgehalten, Rückschläge eingesteckt, sich wieder hoch gerappelt und sich selbst in all diesen Lernprozessen in ihre ureigene Form gegossen. Die Jugendzeit hingegen ist geradezu gekennzeichnet durch ihre Menge noch ungefestigter Formen und ungelebter Möglichkeiten. In ihr muss ausgezogen werden aus dem Althergebrachten, weil Sinn nicht einfach übernommen werden kann, nicht von Eltern und sonstigen Wegbegleitern, sondern für jeden ein je immer anderer ist, um den jeder in unikaler Einsamkeit ringen muss.

Dieses Ringen um Sinn aber öffnet Kraftreservoire. Sowohl die Biologie als auch die Psychologie lehren uns, dass dem Menschen Kraftreservoire innewohnen, die normalerweise geschlossen sind und im Alltag nicht zur Verfügung stehen, die sich jedoch in dem Augenblick des Gewahrwerdens einer „Aufgabe" (biologisch: Nahrungssuche, Partnersuche, Verteidigung, Flucht ..., psychologisch: Selbstbehauptung, Bewährung, Begeisterung, Kummerbewältigung ...) schlagartig öffnen und ihm genau jene Menge an „Kräftezuschuss" schenken, die er zur Erfüllung jener Aufgabe benötigt. Dank der leib-seelisch-geistigen Einheit des Menschen geschieht dasselbe auf geistiger Ebene. Schleusen, die geistige Kapazitäten freisetzen, werden durch eine Fündigkeit bei der Sinnsuche aktiviert. Diese zutiefst im Menschen schlummernden geistigen Kraftquellen fließen nicht ohne das Ansichtigwerden eines entsprechenden Wofürs. Im Klartext: Wer keinen Sinn in seinem Wirken bzw. in seinem Dasein sieht, dem fehlt auch die Kraft, etwas zu bewirken. Wer hingegen einen Sinn ahnt, der auf ihn wartet, kann auf spontane Kraftzuflüsse aus seinem Inneren bauen.

Eine objektivistische Weltsicht

Nun ist die Logotherapie nicht nur eine *optimistische*, sondern auch eine *objektivistische* Weltsicht, indem sie postuliert, dass die Natur und die gesamte Schöpfung objektive Werte beinhalten, die nicht nur für subjektive Gemüter zu deren Genuss und Nutzen zu gebrauchen sind, sondern „per se", also für sich allein genommen, gut, schön, bewahrungswürdig – theologisch: gottgewollt – sind. Darin gründet ihr Paradigma, dass Sinn und Werte eben nur *ge*funden und nicht *er*funden werden können, dass sie keine Einbildungen menschlichen Bewusstseins sind, die nach Belieben konstruiert und verworfen werden könnten, sondern Respekt einflößende Größen, die sich geistigem Sein erschließen. Irgendwie „weiß" der Mensch auch ohne schlüssige Beweise darum, fühlt er doch seit grauer Vorzeit objektiven Werten gegenüber eine scheue Ehrfurcht, und der Beschädigung objektiver Werte gegenüber eine verschämte Trauer. Das hat ihn zwar nie davon abgehalten, Werte zu zerstören, Wälder zu roden, Tiere auszurotten, Völker abzuschlachten, Lüfte zu verpesten, Meere zu verschmutzen, die Erde auszubeuten ... aber die Trauer darüber haftet ihm bis zum heutigen Tage an. Und die Ehrfurcht durchweht immer noch seine geschüttelte Seele.

Kehren wir zu unserem Glauben an die Jugend zurück. Auf ihrer nie versiegenden Suche nach Sinn wird sie in den kommenden Jahrzehnten und Jahrhunderten vermehrt auf äußerst dringliche sinnvolle Aufgaben zur Förderung und Wiederbelebung objektiver Werte stoßen; Aufgaben, die der ständig wachsenden Menschheit „auf den Nägeln brennen". Erinnern wir uns an den vor dem Pfadfindercamp im Lehm stecken gebliebenen Transportwagen aus dem Bericht von Carolyne Wood Sherif. Ist unsere Welt nicht sozusagen voll mit ähnlich „stecken geblieben Karren"? Der eine sollte Frieden bringen, ein anderer gegenseitige Achtung transportieren, ein dritter Hilfsbereitschaft für die Armen liefern, ein vierter Gerechtigkeit in der Güterverteilung ausstreuen und so fort. Da liegen die „Karren" im Lehm der Gleichgültigkeit und drohen einzusinken. – Der Logos ruft: „Wohlan, ihr Pfad- und Sinnfinder, ihr jungen Leute mit euren Träumen und Idealen, eurer Revolte und eurem überschäumenden Temperament … kommt zuhauf und zieht die Karren aus dem Sumpf! Verbündet euch Schulter an Schulter mit euren vermeintlichen Feinden und verwandelt die Gewalt eurer Aggressionen in unermessliche Anstrengungen, um das Antlitz der Erde und ihrer Geschlechter zu erneuern und zu revitalisieren!"

Ist Problem Nr. 1 sogar eine Hoffnung?

Sie haben eine lange Spanne Lebenszeit dazu, unsere jungen Daueradoleszenten, die nicht wie ihre Vorfahren nach der Kindheit abrupt in die Tretmühle monotoner Arbeiten eintreten müssen; sie haben genügend Zeit, um sich „ihren Karren" auszuwählen, an dem sie ihre Energie messen wollen. Sobald sie das aber tun, wird sich Sinnerfüllung ganz unbemerkt von allein einstellen, enorme Kraftreservoire werden sich in ihnen öffnen und die Reste an Infantilismus werden in einer zunehmenden Mündigkeit versickern. Das ist keine barmherzige Utopie, die über eine grausame Realität hinwegtäuschen soll. Vergessen wir nicht, dass es die Jugend und Spätjugend war, die noch im vorigen Jahrhundert als erste auf die inzwischen hochbrisante Aufgabe des Umweltschutzes aufmerksam gemacht hat; oder die als erste Bedenken gegen die weltweite Aufrüstung angemeldet hat. Freilich waren die angewandten Mittel mitunter ruppig. Pioniere schießen leicht über das Ziel hinaus. Dennoch waren es Initiativen, die von aufkeimendem Verantwortungsbewusstsein zeugten. Zu Beginn unseres Jahrhunderts sind es wiederum junge Menschen, die gegen Diktatur und Staatswillkür auf die Barrikaden gehen oder auch die negativen Folgen der Globalisierung anprangern. Manche unterschreiben ihre Überzeugungen mit Blut, was nicht dem Ruf des Logos entspricht (niemand soll unter die Räder eines Abschleppkarrens geraten!), aber trotzdem demonstriert, wie ernst sie es mit ihren Anliegen meinen. Es stimmt, ich teile *Frankls* Ansicht, dass die Jugend besser ist als ihr Ruf.

Ist Problem Nr. 2 sogar eine Hoffnung?

Konfrontiert mit den ungeheuren Aufgaben, die in Zukunft auf uns zukommen werden, wird es bei den noch-verwöhnten Burschen und Mädchen von heute nicht nur einen Reifeschub geben. Es wird bei ihnen auch eine Rückbesinnung auf die Bedeutung der Familie angekurbelt werden. Denn intakte Familien haben allmählich den Status von Raritäten, und Raritäten steigen im Wert, siehe Antiquitäten. Zudem wird das Engagement an Friedensprojekten, für das sich viele junge Leute gewinnen lassen (weil die Gräuel kriegerischer Auseinandersetzungen kaum mehr auf einzelne Nationen zu beschränken sind), der Erkenntnis Vorschub leisten, dass der Friede in der eigenen Familie beginnt und nicht erst in den Gremien herrschender Politiker. Wenn Vater, Mutter und Kinder einander beflegeln, braucht sich niemand darüber zu alterieren, wenn Kampfjets den „Himmel" bevölkern, und umgekehrt: wenn Liebe, Güte und Verständnis in den Wohnräumen praktiziert wird, dann sträuben sich junge Männer, auf fremde junge Männer zu schießen, die nichts Böseres getan haben als im Land des Widersachers geboren zu werden. Freilich erfordert Kriegsdienstverweigerung eine hehre Kraft, doch wenn Kraftreservoire sich öffnen …

Ist Problem Nr. 3 sogar eine Hoffnung?

Da sowohl sinnvolles Engagement als auch sinnvolle Verweigerung am effizientesten sind in einem Verbund, ist es vielleicht von Vorteil, dass die moderne Jugend ihre eigene Subkultur pflegt, die sie zusammenschmiedet. Es müssen ja nicht exzessive Haarschnitte oder Markenjeans sein, denen die Gruppenmitglieder brav folgen, es können auch Ideen „mit Pfiff“ sein, wie z. B. ein gemeinsamer Boykott von Produkten aus qualvoller Tierhaltung oder ein gemeinsames Aufbegehren gegen den riskanten Umgang mit Atommüll. Solchen „Verbündungen“ sind die jungen Menschen längst auf der Spur. Wenn ihre geistige Nachreifung dazu ein hinreichendes Niveau erklimmt, ist es durchaus denkbar, dass sie eine ganz wunderbare Kultur hervorbringen können, die sich von den traditionellen Künsten unterscheidet. Möglicherweise eine Kultur mit weniger „Muse“ und mehr „Herz“, wer weiß?

Das Leid als Lehrmeister

Futurologen zeichnen die kommenden Jahrzehnte und Jahrhunderte in eher düsteren Farben. Sie stellen unsere Zukunftsaussichten wie Dominosteine auf die Bretter ihrer Prognosen und demonstrieren Stöße, die ganze Serien zum Umfallen bringen. Ob solche Stöße wirtschaftliche, militärische, meteorologische oder sonstige Kollapse sein werden, darüber schwanken ihre Meinungen, aber nichts davon hört sich beschwichtigend an. Allerdings hat es in der Menschheitsgeschichte von jeher apokalyptische Ängste gegeben, die sich immer als überzogen erwiesen haben, weshalb man nicht gleich das Schlimmste befürchten muss. Trotzdem: schlimm genug kann es werden. Und dann? Was geschieht im Ernstfall mit Burschen, die wegen einer schlechten Zensur oder einem verlorenen Fussballspiel ausflippen? Was geschieht mit Mädchen, die zwei Fernseher im Zimmer brauchen, weil sie bei gleichzeitig interessanten Programmen keines versäumen wollen, oder die zutiefst gekränkt sind, wenn ihre Freundin hübschere Ohrringe hat? Nun, erinnern wir uns an „die Burschen auf den Yamahas und die Mädchen aus den Discos", die *Frankl* nach verheerenden Unfällen in seiner Klinik behandelt hat. Er hat sich gewundert und sie bewundert, wie sie in überwiegendem Maße ihr Schicksal tapfer gestaltet und gemeistert haben. Darüber sollte man die Futurologen informieren!

So wenig man jemandem ein Leid wünscht, so sehr erzeugt ein solches nicht selten einen Wachstumsschub sondergleichen. Kriegerwitwen haben mit unendlicher Liebe ihre Kinder aufgezogen. Verarmte Bauern arbeiten unermüdlich auf ihren kärglichen Feldern. Mittellose Studenten studieren nachts noch emsig, während sie tagsüber unangenehme Jobs tätigen. Ausgehungerte Menschen stellen sich mit Freude stundenlang vor einem Bäckerladen an, wenn es dort Brot zu kaufen gibt. Auch die Burschen und Mädchen der Zukunft werden Bescheidenheit, Geduld und Ausdauer wieder erlernen, und das Leben selbst wird ihr Lehrherr sein.

Unbewusste Vorbereitung darauf?

Manchmal könnte man denken, dass sie sich unbewusst da oder dort schon darauf vorbereiten. Der umstrittene Begriff des „Aussteigens" beispielsweise setzt sich nicht nur aus oppositionellen Elementen zusammen, sondern schließt auch den freiwilligen Verzicht auf Luxus mit ein. Esoterische und meditative Riten nehmen gelegentlich asketische Züge an. Moderne Extremsportarten stellen hohe Anforderungen an verweichlichte Körper. Bei Schiwanderungen oder Radtouren abseits der gängigen Routen wird Erholung vom Trubel gesucht und ohne zu zögern mit Schweiß dafür bezahlt. Das sind Trends, die eine Renaissance von Selbstbeherrschung und Selbstüberwindung anvisieren. Wir haben wahrhaft Grund für einen „tragischen Optimismus" in Bezug auf die Jugend! *Tragisch* ist er, weil er sich auf zu erwartende tragische Auslöser stützt. Auf schwierige globale Aufgaben, die in der Morgenröte der Zeit heraufdämmern, und auf unheilvolle Entwicklungen, die wie dunkle Wolken am Menschheitshorizont hängen. Dennoch: ein *Optimismus* ist er, weil wir anhand von unzähligen exemplarischen Geschichten wissen, dass – nicht nur auch, sondern gerade – in bedrängenden, kritischen Situationen eine sinnerfüllte Existenz hervorragend gelingen kann. Und *auf die Jugend bezogen* ist er, weil sie die Vorreiterin ist und stets war bei allen Metamorphosen. Zu sehr halten uns Erwachsene die Gewohnheiten zurück, zu alteingesessen sind wir in unserer Mentalität, zu verknöchert für mächtige Sprünge ins Unbekannte. Nein, die Jungen werden die Welt verändern … und so bleibt uns Müttern und Vätern, deren Einfluss auf ihren Nachwuchs so geschrumpft ist, doch etwas unendlich Wichtigeres als die bloße „Finanzierungsfunktion", die wir noch innehaben, nämlich *die Aufgabe, vorbehaltlos an unsere Kinder zu glauben.* Daran, dass sie auch ohne Moral von gestern und ohne bürgerliches Know-how, mitten durch computergesteuerte Verführungen und virtuelle Verwirrungen hindurch auf einem guten Weg sind, geleitet von ihrer eigenen ungebrochenen Suche nach Sinn.

Meditative, symbolische und spirituelle Facetten des „Logos“

Noch die kleinste Pfütze spiegelt den Himmel.
(Litauischer Spruch)

Wort und Sinn – zur Doppelbedeutung des Logos

Ein deutscher Verleger sprach mir gegenüber die Überlegung aus, ob es der jüdisch-christlichen Tradition zufolge nicht nur ein „auserwähltes Volk“, sondern vielleicht auch ein „auserwähltes Medium“ geben könnte, nämlich das Buch. Diese Idee hat etwas für sich, denn das spezifisch Menschliche, das Geistige im Menschen, hat sich seit Anbeginn der menschlichen Kultur in Form des *Wortes* – aber nicht irgendeines Wortes, sondern eines *sinnvollen Wortes* – und nicht einmal nur eines sinnvollen Wortes, sondern sogar des *niedergelegten sinnvollen Wortes* ausgedrückt. Das niedergelegte Wort, ob mit Hilfe von Griffel und Schiefertafel oder per Computertaste, ist und war von jeher die Hieroglyphe des menschlichen Geistes.

Wie sehr Sinn und Wort zusammengehören, geradezu eine untrennbare Einheit bilden, zeigt sich darin, dass wir den Sinn von etwas nicht erfassen können, wenn wir dieses Etwas nicht benennen, beschreiben, besprechen können. Umgekehrt stellt auch ein Wort in Wirklichkeit gar kein Wort für uns dar, sondern nur eine beliebige Abfolge von Lauten, solange wir seinen Sinn, seine Bedeutung nicht kennen. Der Sinn einer Sache ist stets das mit und durch diese Sache „Gemeinte“. *Frankl* hat Sinn genau so definiert:* „Meaning is what ist meant“. Gleichermaßen weist ein Wort über seine Buchstaben und Laute hinaus auf das mit und durch es Gemeinte hin. Das Wort „Tisch“ etwa meint ein Gestell, auf dem wir schreiben können, usw.

Worte ohne Logos

Es gibt Krankheiten des Zentralnervensystems wie die Psychosen, die die geistige Dimension des Menschen derart einmauern, dass nur mehr „sinnlose Worte“ den Lippen der Kranken entschlüpfen. Aber sofern diese Worte nicht wenigstens in *deren* Welt noch eine gewisse Bedeutung haben, sind sie eben auch keine Worte mehr, sondern Lautgebilde im Wechselspiel von Krankheit und Zufall. Am Thema „Schizophrenie und Dichtkunst“, um das sich u. a. Leo Navratil, emerit. Primarius am Niederösterreichischen Landeskrankenhaus für Psychiatrie und Neurologie, verdient gemacht hat, lässt sich zeigen, an welcher dimensionalen Grenzlinie sich das Krankgewordene mit dem Gesundgebliebenen im Menschen reibt: Solange mit einer dichterischen Aussage etwas gemeint ist, solange ein Logos hinter den Worten steht und sie dadurch überhaupt erst zu Worten macht, solange ist das Geistige im Menschen am Werk, das nach Auffassung *Frankls* nicht erkranken kann, auch nicht im Zuge einer irreführenderweise so bezeichneten „Geisteskrankheit“, also einer Psychose. In dem Moment jedoch, da mit einer dichterischen Aussage nichts mehr gemeint ist, sie nicht mehr Symbol eines ihr unterliegenden oder vorschwebenden Logos ist, der dem Aussageempfänger auf ir-

* „The Will to Meaning“, New American Library, New York, 1969, S. 62

gendeine Art mitgeteilt werden soll, in dem Moment schmilzt die gemachte Aussage zum bloßen Abglanz des Krankheitsbildes zusammen; sie wird vom Symbol zum Symptom. Zwar kündet auch ein Symptom noch von etwas: die welken Blätter einer Pflanze sprechen von deren Wassermangel, das gereizte Knurren eines Hundes spricht von dessen Unbehagen, das Gestammel oder Gekritzel eines Psychotikers spricht von dessen zerfahrenem Denken, aber dies alles spricht nicht mehr *über etwas* und nicht mehr *zu jemandem*, es bezieht sich auf keinen Logos mehr, und es kommt daher auch zu keinem Dialog, es drückt sich nur noch die eigene Befindlichkeit darin aus.

Geistige Gegenkräfte

Wenn z. B. Friedrich Hölderlin einen Teil seiner berühmtesten und schönsten Gedichte unter dem Einfluss der sich anbahnenden Schizophrenie geschrieben hat, wie Leo Navratil aus Sicht des Psychiaters fachmännisch dargelegt hat*, so war es letztlich das Gesundgebliebene und Gar-nicht-krank-werden-Könnende in dem großen Dichter, das sich mit dem Zunehmen seiner Krankheit schöpferisch auseinandersetzte und damit bewies, dass er dem grausamen Schicksal noch ein Stück Freiheit abzutrotzen vermochte. Die Krankheit selbst ist nie eine schöpferische Kraft, sie ist eher auf die Einengung des Schöpferischen im Menschen angelegt, ruft aber just dadurch mitunter geistige Gegenkräfte auf den Plan, die sich nicht nur der Krankheit zu widersetzen vermögen, sondern sogar noch in der Annahme des Unabänderlichen schöpferische Leistungen erbringen. Eine hilfreiche Psychotherapie wird

* dtv-Reihe „dialog und praxis", München, 1986

sich demzufolge stets bemühen, derartige geistige Krankheits-Gegenkräfte im Menschen zu wecken und zu fördern, wie es die Logotherapie in hohem Maße tut.

Aber auch der gesunde Mensch sollte sein geistiges Potential regelmäßig aufpolieren, ist er doch vor keiner „bösen Überraschung“ gefeit. Da sind die Alltagssorgen ... und da sind die Schocks, die sämtliche Alltagssorgen mit einem Schlag für null und nichtig erklären. Da ist der ständige Zwiespalt zwischen Anlehnung an die Mitmenschen und Abwehr derselben. Da sind die emotionalen Wogen, bei deren Überschwappen die Vernunft über Bord purzelt, auch wenn man sie noch so fest vertäut hat. Im stürmischen Auf und Ab des Lebens geht es drunter und drüber. Deshalb bedarf es einer geistigen Verankerung in einer Halt spendenden Philosophie. Doch alle Theorie ist grau, und philosophische erst recht. In der Grauzone nebulös-abstrakter Begriffe kann der Mensch nicht „ankern“. Was er braucht, sind Bilder, die er sich vorstellen kann, Bilder voll farbenfroher Symbolik, die ihm so vertraut sind, dass er ihren Sinn nicht erst aufwendig enträtseln muss. Was er braucht, ist die unkomplizierte, direkte Anschauung des Logos in der Symbiose von Wort und Sinn. Dort – kann er seinen Anker werfen, um den heranrollenden Stürmen seines Lebens zu trotzen.

Symbolik – das „poetische Kleid“ des Logos

Mit den Bildern des Ankers und des Sturmes haben wir bereits das zauberhafte Reich der Symbolik betreten. Dort haust „Höher-Gemeintes“, oder anders ausgedrückt, die Symbolik verwendet die Worte in einer zusätzlichen Bedeutung und Sinnhaftigkeit. Freilich gibt es bei den Buchstabenkombinationen „Anker" und „Sturm" auch Einfach-Gemeintes, wie es in jedem Lexikon steht. Darüber hinaus jedoch sind höhere Bedeutungen möglich, wie zum Beispiel im obigen Text, in dem ich den (symbolischen) Sinn von der Schiffsebene in die Ebene menschlichen Daseins verlagert habe. Es ist das „poetische Kleid" des Logos, das ihn in symbolischen Darstellungen umschmiegt und ihn so intensiv anschaulich macht, weil es der uralten Begreifenssphäre des Menschen entstammt: der Bildsprache der Urvölker. Keine gelehrte philosophische Abhandlung kann sich im Verständlichkeitsgrad damit messen. Was sich hinter verwinkelt konstruierten Denkakten verbirgt, zeigt sich im „poetischen Kleid" des Logos mit spielerischer Präzision.

Bleiben wir ein wenig im Zauberreich der Symbolik und sehen wir uns zu diesem Zweck zwei Weisheitssprüche an.

Weisheitsspruch Nr. 1:

Der Baum isst nie seine eigenen Früchte.

Diesen Spruch habe ich in einem verlassenen Bauernhaus eingraviert gefunden, und zwar über der Türe zur Scheune. Spüren wir dem Logos nach, der sich darin enthüllt. Die Worte „Baum" und „Früchte" passen zusammen. Wir assoziieren sie leicht miteinander, denn das eine ist mit dem anderen durch ein einfaches Sinn-Band verknüpft. Das Gedeihen eines Baumes ist auf das Früchtebringen angelegt; die Früchte bringen neue Bäume hervor. Der Spruch enthält also zwei durch ein

Sinn-Band miteinander verknüpfte Worte. Dazwischen aber fließt ein bildnerischer Sachverhalt ein, der dieses Sinn-Band wieder aufknüpft und an eine höhere symbolische Ebene anschließt: Das Bild des Nicht-Essens.

Die Früchte, die ein Baum hervorbringt, die praktisch den Sinn seiner Existenz ausmachen, dienen ihm nicht. Weder zu seiner Nahrung, noch zu seiner Bewässerung, noch zu seiner Energieversorgung. Wozu bringt er sie dann hervor? Hier haben wir plötzlich ein loses Sinn-Band in der Hand, das in der Luft hängt und von uns gedanklich neu angeschlossen werden muss. Wem dienen die Früchte denn? Den aufkeimenden Trieben und den Tieren und Menschen, die sich daran laben. Der Baum bringt seine Früchte einem andersartigen Sein dar. Sie wachsen an seinen Ästen, zwischen seinen Blättern, aus seinen Säften, aber einmal löst er sie und erlaubt ihnen, ins Ichfremde hineinzufallen. Zum Zeitpunkt ihrer stärksten Süße schenkt er sie der Welt.

Und wie reagiert die Welt darauf? Bedankt sie sich beim Baum, gibt sie ihm etwas dafür zurück? Hier haben wir das zweite Ende des aufgeknüpften Sinn-Bandes in der Hand, und auch dieses bedarf eines gedanklichen Neuanschlusses. Die Welt tut nichts dergleichen, und doch ist es unergründbaren Naturgesetzen zufolge gut, wie es ist. Die Früchte erfüllen schon irgendwo und irgendwann ihren Sinn, und das ist genug. Der Baum hat sie nicht umsonst hervorgebracht, er hat nicht umsonst gelebt. Er war in der Welt und hat die Welt bereichert. Wenn es eine Wahrheit gibt, in der alle Vorgänge des Seins in Ewigkeit gespeichert sind, dann wird die Existenz jenes Baumes, der Früchte getragen und an die Welt verschenkt hat, dort ihren unverlierbaren Platz finden.

Was die Symbolik verdeutlicht:

Jetzt stehen wir dem Logos im poetischen Kleid von Angesicht zu Angesicht gegenüber. Nicht nur der Baum isst nie seine eigenen Früchte! Auch die Früchte von uns Menschen sind im Allgemeinen keine, von denen wir unmittelbar profitieren. Nur ein Kind braucht die unmittelbare Bestätigung seiner kleinen Leistungen, das Sternchen unter dem fehlerfreien Diktat, das Bonbon, wenn es für die Mutter einkaufen ging. Es weiß noch nichts vom eigentlichen Sinn des Schreibenlernens oder des Selbständigwerdens. Der geistig reife Mensch jedoch bringt die Früchte seines Handelns um ihrer selbst willen hervor und schenkt sie der Welt; im besten Fall unbekümmert um Lohn und Dank, dafür aber im Bewusstsein eines unabdingbaren Sinns seines Lebens.

Für Personen in belasteten Familiensituationen oder sonstigen schwierigen Verhältnissen kann dies ein trostvoller Aspekt sein. Die Liebe und Nachsicht, die sie denjenigen entgegen bringen, die ihnen Sorgen bereiten, sind Früchte, die oft ins Ichfremde fallen und nicht zurückgezahlt werden. Der freiwillige Verzicht, den sie im Interesse eines gemeinsamen Wohls leisten, wird weder immer als solcher anerkannt – oder auch nur *er*kannt –, noch führt er jedes Mal zum gewünschten Resultat. Es kommen die bangen Momente, in denen man sich fragt, ob nicht alles Mühen und Bangen vergeblich ist. Aber der Baum isst eben nicht seine eigenen Früchte, und wir – als Teil der Natur – müssen uns ebenfalls damit zufrieden geben, dass das Hervorbringen von guten Taten und Werken *genug* ist, *Sinn genug*, ob wir ein positives Resultat sehen oder nicht, ob dieses anerkannt wird oder nicht.

… und ob dieses gewusst wird oder nicht? Das ist eine religiöse Frage. Für den religiösen Menschen ist es denkbar, dass alles in der Wahrheit gespeicherte Sein „gewusstes Sein“ ist, und dass folglich ein „Wissen“ um uns und um die Früchte unseres Lebens existiert, das über unsere Vorstellungen unendlich hinausreicht. Geht man durch einen Friedhof und liest man die Grabinschriften, könnte man meinen, dass eine Ahnung davon im Menschenherzen ruht. Denn es wiederholt sich ein Wort erstaunlich häufig bei den Inschriften, obwohl es keinerlei irdischen Sinn ergibt: das Wort „unvergessen“. Ja, auch unsere lieben Toten haben die Früchte ihres Lebens nicht selbst gegessen, und dennoch dürfen wir glauben, dass diese ihre Früchte nicht nur ihren Mitmenschen zugute gekommen sind, sondern vielleicht sogar jenseits aller Vergänglichkeit in einer Transzendenz unvergessen sind.

Weisheitsspruch Nr. 2:

Großer Geist, bewahre mich davor, über einen Menschen zu urteilen, ehe ich nicht eine Meile in seinen Mokassins gegangen bin.

Diese indianische Weisheit entnahm ich einem kanadischen Wandkalender. Wiederum finden wir Worte vor, die sich problemlos miteinander assoziieren lassen: das Gehen mit der Meile, das Urteilen mit anderen Menschen, und den Aufruf „großer Geist“ mit indianischen Kulturelementen, zu denen auch die Mokassins zählen. Und wiederum mischt sich bildnerisch etwas hinein, das die Sinn-Bande neu strukturiert, nämlich der Ausdruck „bewahre mich davor“.

Wovor? Zu urteilen? Nein. Über einen Menschen zu urteilen? Auch nicht. Über einen Menschen zu urteilen, ehe – ehe was? Ehe man etwas ganz anderes getan hat als urteilen, nämlich: verstehen, hineinversetzen, einfühlen, den anderen ein Stück seines Weges begleiten, vielleicht noch mehr: ihm ein Stück seines Weges abnehmen. Nicht mit seinen Füßen, das kann man nicht, aber in seinen Mokassins. Das ist schwer. Vielleicht passen sie nicht. Aber vielleicht passen sie auch ihm nicht. Vielleicht hat er bloß keine besseren, sind sie seine einzigen, vielleicht ist er auf sie angewiesen. Vielleicht kann er aus ihnen nicht mehr aussteigen. So viele „vielleicht" vor dem Akt des Urteilens sind gut; sie verhindern ein *Ver*urteilen.

Was die Symbolik empfiehlt:

Die höhere Bedeutung des indianischen Spruchs mag auch dem einen oder anderen Nichtindianer, der mit schwierigen bzw. seelisch kranken Personen hautnah zu tun haben, helfen, manches „vielleicht" noch in die Waagschale zu werfen, das zu deren Gunsten spricht, bevor er an ihnen verzweifelt.

Im Anfang war der Logos – Frankls Gottesbegriff

Viktor E. Frankl hat den „Teufel" in Menschengestalt kennen gelernt und trotzdem seinen Glauben an Gott nicht verloren. Er schrieb:*

Wie ich es sehe, ist der Glaube an Gott entweder ein bedingungs-

* „Der unbewusste Gott", dtv, München, 1992, S. 98

loser, oder es handelt sich nicht um einen Glauben an Gott. Ist er bedingungslos, so wird er auch standhalten, wenn sechs Millionen Menschen dem Holocaust zum Opfer gefallen sind, und ist er nicht bedingungslos, so wird er … angesichts eines einzigen unschuldigen Kindes, das im Sterben liegt, aufgeben. Denn handeln können wir mit Gott nicht, wir können nicht sagen: „Bis zu sechstausend oder, von mir aus, einer Million Holocaust-Opfer erhalte ich meinen Glauben an dich aufrecht; aber von einer Million aufwärts ist nichts zu machen, und – es tut mir leid – ich muss meinen Glauben an dich aufkündigen."

Freilich war es *Frankl* nicht möglich, sich (nach Auschwitz!) Gott im poetischen Kleid eines gütigen Vaters, der über uns wacht, vorzustellen. Wie seinem Schrifttum zu entnehmen ist, verzichtete er überhaupt auf ein Gottesbild, weil ihm bewusst war, wie anthropomorph und kläglich es ausfallen musste, egal, welches Bild er wählen würde. Die Religionen haben ausgefeilte Systeme göttlicher Symbolik ersonnen, um dem Vorstellungsvermögen des Menschen irgendwie auf die Sprünge zu helfen, aber *Frankl* warnte eher vor konfessioneller Orthodoxie. Für ihn war Gott synonym mit dem allumfassenden, ersten und letzten Sinn des Ganzen, des Seins schlechthin. Das Undenkbare. Das Absolute. „Je umfassender ein Sinn ist, umso weniger fasslich ist er", betonte er und schuf in diesem Kontext den Begriff des „Übersinns": eines *Sinns*, der unendlich *über* endliches menschliches Begreifen hinausreicht.

Eine unzulässige Ebenenvermischung

Mit Hilfe des Begriffs des Übersinns gelang *Frankl* die Auflösung eines Widerspruchs, der angesichts des erwähnten Holocausts und tausend anderer entsetzlicher Ereignisse viele gläubige Menschen umtreibt. Wenn ein Hurrikan Städte verwüstet, ein Vulkanausbruch Dörfer unter seiner Glut begräbt, wenn eine Atombombe Landstriche verseucht oder ein Genozid Völker auslöscht, dringt ein Schrei unisono aus den Kirchen und Tempeln und Kehlen der Betroffenen hinaus ins Weite: Wie kann Gott das zulassen? Wo ist Gott, der Allmächtige?

Nach einem Schiffsunglück in der Karibik, bei dem 40 Personen ertrunken sind, wurde einmal einer der Überlebenden interviewt. Er sagte zum Reporter: „Ich bin Gott so dankbar. Er hat mich in seiner Barmherzigkeit gerettet“. Am nächsten Tag stürmten die Angehörigen der Toten das Zeitungsgebäude und verlangten den Abdruck einer Namensliste derjenigen, die „Gott erbarmungslos nicht gerettet hat“. Darunter stand in großen Lettern zu lesen: „Warum?“

Ja, warum? Hat Gott wirklich ein paar Schiffbrüchige gerettet und die übrigen elend ertrinken lassen? Brauchen wir einen solchen Gott?

Für *Frankl* war dies eine typisch unzulässige Ebenenvermischung, denn die metaphysische Ebene ist mit der physischen Ebene inkommensurabel. Sehr deutlich hat er dies im nachstehenden Zitat zum Ausdruck gebracht:*

Das Durchsetzen eines Sinnes, der mir vorschwebt, ist abhängig von meinem Tun und Lassen; je nachdem, was ich tue und

* aus: „Der Mensch vor der Frage nach dem Sinn“, Piper, München, 1985, S. 275

lasse, geschieht entweder etwas – oder es geschieht nichts. Aber der Übersinn setzt sich durch unabhängig von meinem Tun und Lassen; entweder mit oder ohne mein Dazutun, entweder mit meiner Mitwirkung oder unter Umgehung meiner. Mit einem Wort: Die Geschichte, in der sich der Übersinn erfüllt, geschieht entweder durch meine Unternehmungen hindurch – oder über meine Unterlassungen hinweg.

Hier dividierte *Frankl* die beiden Ebenen glasklar auseinander. In unserer menschlichen Ebene sind wir (bis zu einem gewissen Grad) frei zu entscheiden und müssen unsere Entscheidungen verantworten. Wir tun etwas. Wir lassen etwas. Wir tun Sinnvolles oder Sinnwidriges. Wir lassen Sinnvolles oder Sinnwidriges. Alles hat Folgen. Alles ist „unseres". Wenn wir uns gegenseitig abschlachten, ist das „unseres", und niemand zeige mit dem Finger „nach oben".

Mehr noch: Auch die Natur, die uns umgibt und der wir zugehören, ist „ihres", allerdings ohne das zweifelhafte Privileg einer freien Entscheidung. Sie gehorcht ihren Naturgesetzen. Es ist heiß oder kalt, es regnet oder schneit. So oder so. Wenn tektonische Verschiebungen verheerende Erdbeben erzeugen, liegt das an den physikalischen und chemischen Kausalitäten, die von Anbeginn an das Universum durchwalten. Ohne sie wären unsere Erde und ihre Lebewesen überhaupt nicht entstanden.

Die Geschichte, in der sich der Übersinn erfüllt, hebt sich denknotwendig von alledem ab. Sie mag menschliche Entscheidungen und Naturgesetze inkludieren, wie das gigantische All Sonnen und Planeten inkludiert, ohne in ihren Lauf einzugreifen. Doch hier endet auch schon die menschliche Imaginationskraft. Niemand erschaut die Tiefen des Alls und niemand weiß, warum einige Schiffbrüchige in der Karibik gerettet wurden und andere nicht. Das einzige, an das wir uns gerade noch heranwagen dürfen, ist die Einsicht, dass jedes Geschehnis in Letztinstanz einen – uns unverständlichen – Sinn haben kann.

Wozu brauchen wir dann Gott?

Frankls Theorie: Weil wir uns nach ihm sehnen. „Im Grunde unseres Seins liegt eine Sehnsucht, die dermaßen unstillbar ist, dass sie gar nichts anderes meinen kann als Gott“, schrieb er. Nun, ich habe vor kurzem in einer Radiosendung einen mit dem Nobelpreis ausgezeichneten Wissenschaftler von sich erzählen gehört. Er bezeichnete sich selbst als Atheisten. „Natürlich glaube ich nicht an Gott“, erklärte er und fügte leise hinzu: „aber – ich vermisse ihn.“ Das ist gut nachvollziehbar. Seit Menschengedenken sehnt sich unser Geschlecht nach (dem unbekannten) Gott, dem schon die Griechen der Antike ein Denkmal gesetzt haben.

Frankl, der Seelenforscher, studierte diese untilgbare religiöse Sehnsucht und gelangte zu dem Schluss, dass sie sich nicht an ein Unbekanntes, Bild- und Namenloses richtet, sondern an ein personales Du. Damit löste er ein zweites Problem, das ebenfalls der unzulässigen Ebenenvermischung entstammt. Es ist nämlich purer Hochmut, *von* Gott, seinen Wünschen, seinen Eigenschaften, gar von künftig zu erwartenden Bestrafungen oder Belohnungen durch ihn zu faseln, als handle es sich um „Herrn X von nebenan“. Aber *zu* einem Du zu sprechen, etwa im Gebet, ist legitim; und dabei alles vorzubringen, was das Herz bewegt, ist nicht nur urmenschlich, sondern auch sehnsuchtstillend. Nachweislich zeigt sich immer wieder:

Dem innig Betenden entgleitet die quälende Frage nach dem Warum mehr und mehr, so als würde er vom Hauch einer göttlichen „Antwort“ gestreift.

Frankl argumentierte dazu in einem Vortrag:*

Gott – der von uns Menschen intendierte personale Gott – ist nichts anderes als gleichsam das Ur-Du. Er ist es so sehr und so wesentlich, dass man eigentlich gar nicht von ihm, in der dritten Person, sprechen kann, sondern jeweils nur zu ihm, in der zweiten Person. Und ich weiß nicht, ob es zum Beispiel einem Menschen, der einmal, sagen wir in einem Konzentrationslager war, im Graben gestanden ist und zu Gott gesprochen hat, ob es diesem Menschen jemals wieder möglich ist, an einem Katheder zu stehen, sagen wir in diesem Hörsaal, und von Gott zu sprechen als von demselben, zu dem er damals im Graben gesprochen hat …

Eine beeindruckend persönliche Aussage!

Und plötzlich steht der Tod vor der Türe …

Die bekannte Sterbeforscherin Elisabeth Kübler-Ross hat festgestellt, dass Menschen, die ihren baldigen Tod vor Augen haben und sich dessen bewusst sind, häufig in einer bestimmten Weise reagieren. Kübler-Ross beschrieb fünf Phasen, die diese Menschen durchlaufen, wobei die Betreffenden auch Phasen überspringen können. Ferner können sie in jeder Phase stecken bleiben oder vom schnellen Tod überrascht werden. Das „Sterbeideal“ wäre jedoch laut Kübler-Ross die Erreichung der fünften Phase.

* niedergelegt im Buch „Der Wille zum Sinn“, Piper, München, 1991, S. 67

Die fünf Phasen betitelte Kübler-Ross wie folgt:

1. Das Nicht-wahr-haben-Wollen
2. Zorn, Aggression und Aufbegehren
3. Verhandeln und Hinausschieben-Wollen
4. Trauer, Depression, Verzweiflung
5. Zustimmung und Einwilligung

Ohne die Ergebnisse der Forscherin anzweifeln zu wollen, die sie mit einem umfangreichen kasuistischen Material untermauert hat, möchte ich doch eine logotherapeutische Interpretation zu den einzelnen Phasen beisteuern. Denn die Suche des Menschen nach Sinn endet keineswegs mit seiner gesunden, aktiven Zeit, sondern gipfelt sich geradezu auf mit der zunehmenden Hinfälligkeit seines Organismus. Hat Leben auch noch Sinn im Zeichen der Vergänglichkeit? (Philosophisch durchdacht, müsste man sagen: Wenn nicht, dann hätte es überhaupt keinen Sinn. Wäre Sinn nur in einem gesunden, unkomplizierten, fröhlichen Leben erfüllbar, so wäre dies ein arg kurzlebiger, fragiler Sinn!) Ich möchte behaupten: Ja, Leben hat Sinn bis zum letzten Atemzug und in jeder Phase, die diesem vorausgeht.

Betrachten wir die Phase Nr. 1:

Der Schock, wenn der Tod an der Türe anklopft, ist groß. Freilich wissen wir schon ein ganzes Leben lang, dass wir einmal sterben müssen. Aber die Natur hat es so eingerichtet, dass wir das nur theoretisch wissen. Praktisch schreiten wir durch die Jahre, als wären sie ungezählt. Auf Schritt und Tritt werden wir zwar an den Tod erinnert: in den täglichen Nachrichten und nächtlichen Krimis, von trauernden Hinterbliebenen oder bei gelegentlichen Friedhofbesuchen. Trotzdem erscheint uns der eigene Tod schemenhaft fern. Ein Tabu sitzt ihm wie eine Tarnkappe am Kopf und macht ihn unsichtbar.

Nicht jeder sieht ihn eines Tages von der Tarnkappe entblößt vor sich. Unfall- oder anfallbedingte Tode brechen das Auge, bevor es dergleichen wahrnehmen kann. Hirnorganische Störungen versetzen in einen gnädigen Dämmerzustand, in dem nichts mehr wahrgenommen wird. In solchen Fällen hat die geistige Person keine Möglichkeit und auch keine Notwendigkeit, sich mit dem eingeläuteten Lebensende auseinanderzusetzen. Für die Mehrheit der Menschen kommt jedoch ein Zeitpunkt, zu dem sie begreifen, dass sie demnächst sterben werden. Das ist ein sensibler Moment, in dem das lang gehegte Tabu wegbricht und mitmenschlicher Beistand hohl wird, denn: diesmal sind es nicht die anderen, die sterben werden, diesmal *bin es ich*. Erstmals tauchen Details auf, die unter der Tarnkappe verborgen waren. Man wird nichts mehr über die Fortschritte seiner Kinder erfahren. Man wird nicht mehr im Sommer im sonnendurchfluteten Garten sitzen. Man wird nicht mehr seine Lieblingsspeise genießen. Man wird die neuen Kleider nicht mehr tragen und in den spannenden Büchern nicht mehr schmökern. Es wird alles aus sein.

Das versteht man nicht mit einem Schlag! Solchen Gedanken kann man sich nur häppchenweise annähern. Vielleicht ist genau dies der tiefere Sinn der Phase des Nicht-wahr-haben-Wollens. Wer die Wahrheit *nicht will*, kennt sie bereits.

Aber die Wahrheit ist so ungeheuerlich, dass man eine Weile braucht, um sie emotional auszuhalten. Also erledigt man das Nächstliegende, als wäre nichts passiert. Die Seele kann sich vom ersten Schlag erholen. Wieder vernimmt man das Anklopfen des Todes. Beim zweiten Schlag ist man eine Spur gefasster. Nun ja, es wird nicht gleich so eilig sein! Die Seele entspannt sich ein wenig. Da klopft es wieder. Herrje, ist es wirklich schon soweit? Allmählich wächst man im Wechsel zwischen Wegschauen und Hinschauen der Wahrheit entgegen. Dabei hat das Wegschauen zwischendurch durchaus seinen Sinn, denn schließlich müssen nicht alle Fäden vor Schreck abrupt zerrissen werden, die man noch in Händen hält. Vielleicht können sie sorgsam in fremde Fäden eingeknüpft werden – sobald die Wahrheit wahr sein darf.

Betrachten wir die Phase Nr. 2:

Das Hinschauen auf die Wahrheit wühlt die Seele auf, denn sie ist wertefühlig. Sie hat ein Lebens lang mit den Werten mitgeschwungen, denen sich die Person liebend hingegeben hat. Für dasjenige, was ihr wertvoll und kostbar war, hat sich die Person vieles abgerungen, hat sie Opfer gebracht, Wünsche hintangestellt und Müdigkeiten überwunden. Für das Wohl geliebter Menschen, für ein berufliches Engagement, für abenteuerliche Reisen zu lockenden Gestaden, für das Erreichen sportlicher oder künstlerischer Etappenziele, für die Ausstattung eines Heimes im Eigenbau etc. hat sie diversen Hindernissen getrotzt. Und jetzt ist auf einmal die Verbindung zu all diesen Werten bedroht! Da glaubt sie zu wissen, was zu tun ist: wieder trotzen. Der Gefahr die Zähne zeigen und standhalten. Sie holt den Zorn, die Kraft der Wut und des Aufbegehrens aus ihrer Seele, um von ihren Werten nicht getrennt zu werden.

Noch hat die Person einen Restzipfel der Wahrheit nicht erschaut. Die Wahrheit nämlich, dass die geistigen Trotzmächte und der Zorn der Seele, die im Leben oft nützlich waren, auf verlorenem Posten stehen, sobald der Tod anklopft. Aber nur Geduld. Die Einsicht kommt.

Betrachten wir die Phase Nr. 3:

Beim Gedenken an die persönlichen Werte, von denen man sich allzu bald verabschieden wird müssen, zieht eine Wehmut auf, die sich von der blanken Todesangst unterscheidet. Sie gilt nicht dem hinscheidenden Ich, sondern dem Unerledigten und Unvollendeten, das dieses Ich fragmentarisch zurücklassen wird. Da gibt es Unterlagen und Papierkram, den man noch hat ordnen wollen. Überflüssigen Ballast, den man beizeiten hat ausräumen wollen. Eine klärende Aussprache zwischen Verwandten, die man noch hat zustande bringen wollen. Einen handgewebten Teppich, den man der Tochter zum Geburtstag versprochen hat. Eine Wohnungsübertragung, die man rechtzeitig hat besiegeln wollen. Die Geburt eines Enkelkindes, die man noch hat mitfeiern wollen. Eine alte Schuld, die man hat eingestehen wollen. Und so fort. Es sind verspätete Vorhaben, nicht selten liebevolle Vorhaben, die der rasant kürzer werdenden Lebenszeit hinterherhinken mit der Aussicht, im Nichts zu verlöschen. Da bäumt sich in der Person ein lodernder Funke des ihr „eingehauchten" Geistes auf und fleht um Aufschub. Nicht für sich. Nein, für den unvollendeten Wert. Für die zu vollendende Liebe. Und manchmal – wird ein solch inbrünstiges Flehen erhört. Was *Frankl* am Beispiel Goethes, dem es trotz furchtbarer Schmerzen gelungen ist, Faust II knapp vor seinem Tode fertig zu schreiben (was niemand in der Welt stellvertretend für ihn hätte tun können), aufgezeigt hat. Es ist sagenhaft, was das Bewusstsein einer letzten Aufgabe einem siechen Körper noch abzuringen vermag.

Betrachten wir die Phase Nr. 4:

Erhört oder nicht – die Chance eines Aufschubes ist vorüber. Der Tod öffnet die Türe und alle Werte und alle Liebe müssen losgelassen werden. Endgültig. Das tut immens weh. Man trauert. Das Seltsame ist, dass den meisten Sterbenden diese Trauer nicht so unbekannt ist wie die Gefühle aus den zuvor durchschrittenen Phasen. Sie kennen diese furchtbare Schwermut von den Begräbnissen ihnen nahe stehender Personen. Abschied ist Abschied, egal, wer geht und wer zurückbleibt. Aber weil sie die Trauer erkennen, taucht gleichzeitig auch die Kehrseite der Medaille aus der Erinnerung mit auf. Hinter der Trauer glimmt die Freude, die man an den jetzt loszulassenden Menschen gehabt hat, leuchtet das Glück, das die Begegnung mit ihnen vergoldet hat, glänzt der Reichtum an Werten, der sich vor dem Abschied mit dem eigenen Leben verbunden hat, lacht die Seligkeit von einst. O dieser Reichtum! Wie arm wäre man doch, wenn es nichts zu betrauen gäbe: keine länger dauernde Freundschaft, keine Herz erwärmende Liebe, keine Werke, mit denen man zufrieden sein könnte, keine ergreifenden Erlebnisse, keine eigene Reifeentwicklung … Freilich, in diesem Fall würde die Depression auf Sparflamme köcheln. Von einem wertentleerten Leben könnte man sich mit Leichtigkeit verabschieden. Ähnlich, wie man auf dem Begräbnis eines Fremden, der einem nichts bedeutet hat, nicht weint. In der Trauer spiegelt sich der innere Reichtum wider …

Wenn der Tod näher rückt, wird es Zeit, die Medaille langsam umzudrehen. Die Seite mit der unbeschreiblichen Trauer ist zu wenden, damit die Seite mit der unbeschreiblichen Gnade zum Vorschein kommt, der man das Leben und alle seine Schätze verdankt. War es schön zu leben? Ja? Je trauriger man ist, desto schöner!

Betrachten wir die Phase Nr. 5:

Mit gewendeter Medaille in der Hand ist es kein Kunststück, dem Tod die Hand entgegenzustrecken. Er wird die Medaille nicht beschädigen. Er wird die gelebte Liebe nicht antasten, die geschaffenen Werke nicht aus der Welt schaffen, die herrlichen Erlebnisse nicht ungeschehen machen, das tapfer Durchlittene nicht ausradieren, unsere Lebensernte nicht vernichten, die eingebracht worden ist in die Scheune der Ewigkeit, um ein Gleichnis *Frankls* zu gebrauchen. Wir können in den Tod einwilligen, denn er ist nicht unser Feind. Er ist eine Facette des Logos. In den alten Mythen der Menschheit ist er der Götterbote, der uns in eine bessere Welt entführt; ein „poetisches Kleid“, das zur Versöhnung einlädt.

Memos als Motivationshilfen und Impulssender für Führungskräfte

Glücklich ist, wer nicht vergisst, was doch noch zu ändern ist.
(Abwandlung eines Duetts aus der „Fledermaus")

Zauberstab „Eigenmotivation"

Eine psychologische Studie an der Universität Wien hat sich vor Jahren der Frage gewidmet, wovon der Erfolg einer psychotherapeutischen Behandlung, Beratung, Begleitung, eines Coachings etc. am meisten abhängt: von der Kooperationsbereitschaft des Klienten, vom Geschick des Beraters oder von den angewandten Methoden. Das Ergebnis war so eindeutig wie selten bei empirischen Untersuchungen. *Am allermeisten hängt vom Ratsuchenden selber ab.* Am wenigsten von den verwendeten therapeutischen Methoden. Und irgendwo dazwischen rangiert die Persönlichkeit des Therapeuten. Man gelangte zu der ernüchternden Erkenntnis, dass der Gesundungswille bzw. der Wille, einen inadäquaten Lebensstil oder problematische Handlungsmuster konstruktiv zu verändern, entscheidend sind für ein positives Resultat professioneller Interventionen von „außen", wohingegen die Qualität solcher Interventionen sekundär ist, was das Erreichen ihrer Zielsetzungen betrifft. Daraus erklärt sich auch, dass die besten Schulungen von Therapeuten sowie die ausgeklügeltsten „Heilungsstrategien" nicht verhindern können, dass seelisch labile Menschen sich selber und anderen immer wieder das Leben unnötig schwer machen.

Der Zauberstab heißt also „Eigenmotivation". So wie laut Statistik nicht die intelligentesten, sondern die fleißigsten Schüler und Schülerinnen herausragende Schulleistungen erbringen, so schöpfen auch die interessiertesten Klienten den höchsten Erkenntnisgewinn aus therapeutischen Settings ab mit der Folge, dass ihnen tatsächlich die schwierige Umsetzung im Alltag zunehmend glückt. Fragen wir uns: Was kurbelt ihr Interesse an? Auch dazu gibt es Studien, die besagen, dass es nicht nur der viel zitierte Leidensdruck ist. Es ist im Wesentlichen die Eingliederung der vom Berater offerierten Argumente ins eigene Überzeugungsrepertoire. Therapie, Beratung, Coaching gelingen stets dann, wenn das gemeinsam Erarbeitete vom Klienten in einer Weise „adoptiert" wird, die es zu einem Stück seiner Identität geraten lässt.

Die Seele stößt nämlich Fremdes ab. Sie gleicht in dieser Hinsicht dem Organismus, der z. B. bei Transplantationen das eingepflanzte fremde Organ abstoßen möchte (und nur mittels massiver Unterdrückung seiner Abwehrkräfte überlistet werden kann, es nicht zu tun), obwohl das fremde Organ ihm „gut täte". Genauso wehrt sich die Seele gegen noch so wohlmeinende und durchaus passende fremde Ratschläge. In erwachsenen Personen erweckt jedwedes Fremdgeleit Reminiszenzen an infantile Trotzreaktionen. Die Seele will ihr Eigenes entwickeln, glauben und verwirklichen. Ihr Eigenes – hier kommt nun das Memo in Form eines kleinen Erinnerungstextes als Motivationshilfe ins Spiel. Denn wer nicht Zeit noch Lust hat, sich einem „Seelendoktor" anzuvertrauen oder sich durch einen Berg an Psycholiteratur durchzuwühlen, aber aus einem Angebot von einprägsamen Memos eines herausgreift, das ihm besonders zusagt, der eignet sich dessen

Botschaft gerne an. Er hat ja den Text selbst gewählt. Weil er ihm gefällt. Und so macht er ihn zu „seinem" Text, zu seinem Motto, zu einer winzigen Lebensmaxime. Solche Memos sind mächtige Impulssender. Die Impulse, die sie aussenden, können bei hinreichender Akzeptanz durch den Leser zu dessen Eigenimpulsen avancieren.

Heute weiß man, dass die Wirkung jeglicher Eigenweisungen phänomenal ist. Es zählt geradezu zu unserer menschlichen Würde, Herr oder Frau „im eigenen Haus" sein zu können. Der Deprimiert-Verzagte, der sich selbst „Kopf hoch!" zuruft, strafft sich unwillkürlich. Der Ängstlich-Zitternde, der sich selbst mit „Nur Mut!" impft, gewinnt sofort an Stärke. Der Wut-Schnaubende, der sich selbst auf „Ruhig Blut!" programmiert, ist seinen Affekten nicht mehr total ausgeliefert. Der Dauergrübler, der sich selbst „Stopp!" befiehlt, steigt aus seinem Gedankenkreisel endlich aus. Zwar sind wir vielen Zwängen im Leben unterworfen und von mancherlei Grenzen eingeengt, aber von uns selbst müssen wir uns nicht alles gefallen lassen. Bei uns selbst dürfen wir ein Wörtchen mitreden … Das gilt im Positiven wie im Negativen. Parolen wie „Nieder mit dem Gegner!" können Kriege starten. Parolen wie „Sei tolerant!" können Frieden schaffen. Was der Mensch sich einsuggeriert, dem folgt er mit überwältigender Häufigkeit.

Aus diesen Erfahrungen heraus habe ich zehn logotherapeutische Memos für Personen im Management und in verantwortlichen Positionen entworfen, die, wie ich hoffe, hilfreiche und heilsame Impulse aussenden. Vielleicht ist ein Denkanstoß dabei, der einem Leser oder einer Leserin gefällt und von ihm oder ihr in die Eigensphäre integriert wird.

Sich besinnen

Dem „Willen zum Sinn“ kommt etwas zu, für das die moderne Psychologie den Ausdruck „survival value“ geprägt hat.
Viktor E. Frankl

❋

Wünschen und wollen kann man viel, aber leider hört das Leben nicht zuverlässig darauf. Es sei denn, man will einen Sinn erfüllen. Dafür stellt das Leben selbst in den misslichsten Lagen Optionen bereit. Mehr noch: der Wille zur Sinnerfüllung macht Menschen stark, hilft ihnen, Hindernisse zu überspringen, Verzichte zu leisten, und stellt sie dennoch – mitten im Enttäuschungshagel – zufrieden!

❋

Ununterbrochen wollen wir etwas. Wir wollen zärtliche Partner, tüchtige Mitarbeiter, verständnisvolle Chefs, Belobigungen und Gehaltserhöhungen, ausgelassene Feste, Traumurlaube, eine robuste Gesundheit usw. Das ist durchaus legitim. Der „Pferdefuss“ daran ist, dass in all diesem Wollen von Anfang an schon die Enttäuschung steckt. Die Partner, Mitarbeiter und Chefs sind in natura nicht ganz so, wie wir sie gerne hätten. Lob und Geld regnet es nicht im Überfluss, Feste und Urlaube können zu regelrechten Plagen ausarten, und die Gesundheit hält nicht allzu lange, was sie verspricht. Bei solcher Mühsal hockt uns schnell die Resignation im Nacken. Was haben wir noch Positives vom Leben zu erwarten? Eine

Schwermut legt sich ums Herz. Dabei stammt die Misere nur aus einem fehlgeleiteten Wollen. Psychologische Forschungen weltweit haben gezeigt, dass der Mensch im Grunde gar nicht so sehr nach Lust und Lustbarkeiten, Macht und Ansehen strebt, wie man glauben könnte, sondern in erster Linie ein sinnerfülltes Leben ersehnt. Er möchte für etwas gut sein, für jemanden da sein, er möchte spüren, dass es prima ist, dass es ihn gibt! Sein urtümlichster Wille ist sein „Wille zum Sinn". Und siehe da, dieser Wille ist bis zum letzten Atemzug enttäuschungslos „befriedigbar". Wie auch immer eine Lebenskonstellation beschaffen sein mag, so birgt sie doch genügend Möglichkeiten zu ihrer sinnvollen Ausgestaltung: sei es in Form eine schöpferischen Aktion, sei es in Form einer erlebnisintensiven Kontemplation oder sei es gar in Form einer aufrechten Passion. Freilich muss man seine geistigen Antennen ausfahren, um solche Sinnmöglichkeiten zu entdecken. Man muss sich buchstäblich be-sinn-en, und das geht nur in der Stille, in der man mit sich selbst ins Reine kommt, das rastlos-vordergründige Wollen abdriften lässt, sich dadurch den darin schlummernden Enttäuschungen entzieht, und dann sucht und findet, was man zutiefst möchte, mit ganzem Herzen und lauterem Gemüt: den Sinn seiner Existenz. Man muss in die Stille gehen.

Der inneren Stimme lauschen

Eine Sinnmöglichkeit ist wie die Situation, in der sie aufscheint: immer einzigartig und einmalig.
Viktor E. Frankl

❋

Mehrfacharbeitende strampeln nicht selten vor lauter Hektik. Arbeitslose fühlen sich nicht selten ungebraucht und überflüssig. Doch liegt das Problem nicht bei der Arbeit bzw. fehlenden Arbeit. Es liegt daran, dass Menschen nicht im Einklang leben mit ihrer „inneren Stimme“, die den jeweiligen „Sinn des Augenblicks“ aufzuspüren vermag. Um diese Stimme zu vernehmen, ist Besinnung nötig.

❋

Nach Schopenhauer pendeln wir Menschen stets zwischen den Extremen Not und Langeweile hin und her. In Bezug auf den Arbeitsalltag hatte er sicher recht. Entweder haben wir so viel zu tun, dass wir nicht wissen, wie wir alles auf einmal bewältigen sollen, womit wir eben unsere liebe Not haben. Oder wir stolpern in eine gähnende Leere hinein, die uns lange Abende, fade Wochenenden, erzwungene Krankheits- oder Ruhestandspausen vergällt. Auf der einen Seite also Stress und Burnout, auf der anderen Seite eine unausgefüllte Zeit, in die häufig Exzesse und Süchte hineinwuchern. Beide Extreme sind wenig bekömmlich. Deshalb ist es gut, sich gelegentlich daran zu erinnern, dass wir Menschen es in der Hand haben, die uns gewährten Stunden vernünftig zu nützen. Keine Überlastung kann unsere Schultern beugen, kein Termindruck kann uns jagen, solange wir unbeeindruckt gegenhalten. Auch kann uns keine Entlastung zur Abstumpfung und Zeitvergeudung verführen, solange wir geistig wach und rege bleiben. Wir haben nämlich ein herrliches „Instrument" in uns eingebaut, eine „innere Stimme", die uns unbeirrt vom „Sinn des Augenblicks" erzählt. An uns liegt es, ihr zu lauschen und zu gehorchen. Was erzählt diese Stimme? Angesicht von „Bergen" an Arbeitspensum, die zu erledigen sind, erzählt sie von den Prioritäten und vom Delegieren. Sie hebt das Eine hervor, das jetzt gerade wichtig ist, und verbannt den Rest ins Später. Im Jetzt ist immer nur Eines sinnvoll, nicht mehr und nicht weniger, und ihm allein gebührt unsere Aufmerksamkeit. In Leerlauf-Phasen hebt sie wiederum etwas anderes hervor. Sie spricht von den kostbaren Chancen freier, unverplanter Zeit, die uns neben der Erholung ein fröhliches Spiel mit Inspirationen und Neukreationen gestattet. Das Reich der Ideen und Visionen öffnet sich nicht dem Überbeschäftigten in seiner Tretmühle, sondern bevorzugt dem seelisch Ausgeruhten. Deshalb empfiehlt sich in jedem Fall, regelmäßig inne zu halten, sich zu besinnen, der „inneren Stimme" zu lauschen, und ihr zu gehorchen.

Gesunde Selbstvergessenheit

Erst die Selbstvergessenheit führt zur Sensitivität, und erst die Selbsthingabe zur Kreativität.
Viktor E. Frankl

❋

Es tut dem Menschen nicht gut, sich übermäßig mit sich selbst zu beschäftigen. Im angstbesetzten Kreisen um das eigene Ich sieht er allmählich überall Feinde und Bedrängnisse. Blickt er hingegen über sich hinaus, indem er sich tatkräftig und einfühlsam um seine Umwelt bzw. Mitwelt kümmert, so klärt sich seine Sichtweise wieder. Die Welt zeigt sich ihm wieder in ihrer „Trotz-allem-Schönheit".

❋

Fährt man im Zug und hat man einen Fensterplatz ergattert, so kann man die vorübergleitende Landschaft betrachten. Es kommt allerdings vor, dass sich diese Landschaft in „verdüsterten Farben" präsentiert, etwa dann, wenn die Fensterscheibe mit grau-braunem Schmutz überzogen ist. Glaubt der Reisende in diesem Fall wirklich, dass der wolkenlose Himmel permanent gewittrig aussieht, die Häuser und Gebäude entlang der Bahnstrecke ausnahmslos dunkel gestrichen sind, und sämtliche Bäume und Wiesen einen modrig-verschatteten Grünton aufweisen? Wahrscheinlich nicht. Er wird zwischen Fensterscheibe und Landschaft zu unterscheiden wissen. Leider gibt es jedoch Menschen, die ihrem eigenen schwarzseherischen Blick trauen und meinen, dass niemand ihnen Gutes gönnt, auch das Leben nicht. Ständig fühlen sie sich schlecht behandelt, abgelehnt, beschämt, verfolgt, gestresst, gemobbt, unerwünscht, benachteiligt – in einer endlosen Kette des sich selbst Bedauerns. Dabei klebt bloß ein bisschen „Seelenschmutz“ vor ihren inneren Augen, der die sonnigen Nuancen ihres Daseins überdeckt und sie täuscht … Können sie solcher Täuschung entrinnen? Aber gewiss! Welcher Bahnreisende fokussiert schon die Schlieren am Glas? Er schaut einfach durch sie hindurch, weil ihn die Welt draußen interessiert. Dasselbe können die notorischen „Schwarzseher“ auch tun: ihr Ich in gesunder Selbstvergessenheit zurückstellen und sich bewusst all dem zuwenden, was rund um sie geschieht. Je mehr Interesse sie ihrer kleinen Welt ringsum schenken, je mehr Aufmerksamkeit sie ihren Mitmenschen und deren Belangen widmen würden, desto klarer würden sie bald erkennen, von welcher Helligkeit die Dinge wirklich sind, und wie faszinierend es ist, sich engagiert für jede Art von „Aufhellung“ einzusetzen. In der Hingabe an eine für sie passende und ihrer würdige Aufgabe würde sich sogar der „Seelenschmutz“ vor ihren inneren Augen allmählich auflösen und sie freigeben für ein Leben in Klarheit, in dem sie nichts – am wenigsten sich selbst – zu bedauern bräuchten.

Klare Sicht auf die Dinge

Das Leiden macht den Menschen hellsichtig und die Welt durchsichtig.
Viktor E. Frankl

❋

Eine der Gefahren des Wohlstands ist es, dass er die Sicht auf die Dinge eher trübt. Man hält für wichtig, was Bagatelle ist, und für machbar, was Schicksal ist. Krisen, Verluste und Grenzerfahrungen hingegen sind trotz ihrer Schmerzlichkeit oft heilsame Korrektive solcher Fehleinschätzungen. Sie lehren uns Tapferkeit und lassen das Wesentliche aufleuchten, um das es im Leben wirklich geht.

❋

Vom „Leiden" will niemand etwas hören. Dennoch bedarf es im beruflichen wie familiären Leben einer hohen Frustrationstoleranz, was bedeutet: einer gewissen „Leidensfähigkeit", wenn man sich nicht ständig über irgendwelche Ärgernisse aufregen und an manch unerfreulichen Überraschungen verzweifeln will. Wer gelassen negative Sachverhalte zur Kenntnis nehmen kann, ohne sie zu verdrängen oder vor ihnen zu flüchten, der verfügt über die innere Kraft, tief durchzuatmen, klug zu überlegen und zielstrebig an ihre Veränderung zu schreiten. Noch eine Reifestufe höher steht derjenige, der sich einem unabänderlichen Unglück zu stellen weiß, indem er tapfer sein Schicksal auf sich nimmt, ohne viel darüber zu klagen oder gar seine Wut an anderen (Unschuldigen?) abzureagieren. Das Leben belohnt die Leidensfähigen! Womit? Es ist interessant, dass es sie noch dazu gewinnen lässt, was sie bereits vor Eintritt des „Frustrationsfalles“ in Ansätzen besessen haben, nämlich eine klare Sicht auf die Dinge. Unblockiert von sich überschlagenden emotionalen Wogen gelingt die Unterscheidung zwischen änderbaren und unabänderlichen Gegebenheiten um Grade besser. Das heißt, man investiert Ressourcen nur in Aussichtsreiches, wohingegen man sich die innere Größe abringt, Aussichtsloses zu akzeptieren. Aber noch in einem weiteren Sinne klärt sich die Sicht auf die Dinge, und dies ist geradezu ein Gnadengeschenk: man „durchschaut“ die Dinge auf das Wesentliche. Was ist wesentlich? Dem Menschen im Wohlstand und Glück trübt sich der Blick darauf oft. Sind die Luxusvilla und der teure Wagen wesentlich? Sind die eigene Karriereleiter oder der Schulerfolg des Sohnes wesentlich? Oder verblasst all dies gegenüber den wahren Werten, als da sind eine treue Freundschaft, die Freude an der Natur, ein liebes Wort zur rechten Zeit, der innere Reichtum der Phantasie und vieles mehr. Menschen, die einen Kummer zu überwinden und ein Leid mit Bravour zu tragen wissen, sehen das Wesentliche mit Brillanz. Sie sind – privilegiert.

Immer wieder aufstehen

Wer sein Schicksal für besiegelt hält, ist außerstande, es zu besiegen.
Viktor E. Frankl

Gewalt gegen andere anzuwenden, ist keine Kunst. Sich selbst jedoch zu beherrschen, bzw. seinem Scheitern eine Wende zum Guten abzutrotzen, ist eine beachtliche Leistung. Wer Sportasse und Filmstars anhimmelt, der irrt! Aufschauen sollte er in Bewunderung zu jenen, die eine bittere Niederlage noch in einen geistigen Triumph zu verwandeln vermögen, denn sie sind unsere besten Vorbilder.

Wer ist ein Held? Blättert man in den Geschichtsbüchern oder in den klassischen Sagen, dann findet man die üblichen Heldengestalten. Es sind zumeist Krieger, Sieger über sogenannte Feinde wie Nachbarn, Rivalen, Kontrahenten. Es sind die Starken, die sich durchsetzen und mitunter einfach herfallen über die Schwächeren. Nicht Ethik, sondern Muskelkraft und List sind ihre Waffen, mit fortschreitender Menschheitsentwicklung auch technische Überlegenheiten. Aber es gibt ein Heldentum von exquisiterer Qualität, das man insbesondere den heranwachsenden jungen Menschen offenbaren sollte. Dabei handelt es sich um eine Stärke sich selbst und den eigenen kritischen Neigungen gegenüber. Wer weiß schon, welche Leistung ein Alkoholkranker vollbringt, der nach Dekaden der Trunksucht „trocken“ wird? Wer weiß, welchen Kampf ein Delinquenter ausficht, der sich nach wiederholten Gefängnisaufenthalten mittels ehrlicher Arbeit ernährt? Bis auf den Boden hinunter sollte man sich vor solchen Helden verneigen! Ferner gibt es diejenigen, die unter schwierigsten Bedingungen ein Liebeswerk vollbringen: bettelarme Mütter, die (sich selbst nichts gönnend) ihren Kindern ein lustiges Weihnachtsfest bereiten, gelähmte Patienten, die im Pflegeheim ausharren, um ihre Angehörigen nicht zu belasten, misshandelte Jugendliche, die ihren Peinigern vergeben und ein neues Leben anfangen, angstgeschüttelte Personen, die mit ihren Partnern zum Abenteuertrip aufbrechen, verachtete Ausländer, die sich positiv in ihre neuen Heimat integrieren usf. Der Mensch kann eine gesunde „Trotzmacht des Geistes“ mobilisieren und immer wieder aufstehen aus verschuldetem oder unverschuldetem Elend, er kann sich entschlossen und nobel hinwegsetzen über eigene oder fremde Fehler und Versagungen. Dafür wird er nicht immer den Applaus ernten, den er verdienen würde, aber er kann ungemein stolz auf sich selbst sein. Denn er ist dann einer jener „Helden“, deren unsere Gesellschaft so dringend bedarf.

Das Team ist bunt

Wahre Gemeinschaft ist wesentlich Gemeinschaft verantwortlicher Personen – bloße Masse aber nur Summe entpersönlichter Wesen.
Viktor E. Frankl

❋

Aus zusammengewürfelten Personen einen hochkompetenten Mitarbeiterstab zu formen, ist eine Kunst. Würden mehr „Chefs" diese Kunst beherrschen, gäbe es weniger zerrüttete Nerven in den oberen Firmenetagen. Dabei ist das Grundrezept schlicht: Man gewähre den einzelnen so viel Freiheit und Verantwortung, als sie leicht tragen können – und wertschätze ihre individuellen Talente.

❋

Die Mächtigen dieser Welt sind stets mit der Versuchung konfrontiert, ihre Untergebenen zu unterdrücken, zu benützen, auszubeuten etc. Geben sie dieser Versuchung nach, entsteht Unheil, denn sie schaffen innerlich grollende Befehlsempfänger, die immer mehr abstumpfen, um ihren Groll irgendwie auszuhalten und so allmählich zu einer „stumpfen Masse" verschmelzen. Menschenmassen aber sind gefährlich. Sie entraten ihrem Bewusstsein von Freiheit und Verantwortung und können, beliebig aufgewiegelt, ein ungebremstes, ungeheures Vernichtungspotential entwickeln. Widerstehen die Mächtigen dieser Welt hingegen der genannten Versuchung, kann es ihnen gelingen, eine allseits fruchtbare Ära einzuleiten, in der Wissenschaft und Wirtschaft aufblühen und eine Kultur geistiger Reife und humaner Werte voranschreitet. Das liegt daran, dass sich unter der Obhut ethisch vertretbarer Führung Gemeinschaften statt Massen bilden, nämlich Gemeinschaften freiheits- und verantwortungsbewusster Personen, die sich für innerlich bejahte Ziele einsetzen und bereit sind, zum Wohle eines Ganzen beizutragen. Wollte man Menschenmassen mit Pflastersteinen vergleichen, die wie geordert in Reih und Glied liegen, einer wie der andere, einer durch den anderen ersetzbar, so dürfte man die Gemeinschaften konstruktiv zusammenwirkender Menschen mit Mosaiken oder Puzzles vergleichen, in denen jedes Teilchen einzigartig und den anderen unvergleichlich ist, und in dieser seiner Eigenart unersetzlich ist.* Freilich ist kein Mosaiksteinchen vollkommen. Es bringt, für sich genommen, nicht genug „Bildkapazität“ auf. Es ist einseitig, z. B. vorwiegend rot oder grün gefärbt. Das ist eben der Preis für seine herausragende Bedeutung für die Gemeinschaft: die Unvollkommenheit und die Einseitigkeit. Dasselbe gilt für gut funktionierende menschliche Teams. Kein Mitarbeiter ist perfekt und keiner kann alles. Aber jeder steuert seine besonderen Gaben und Talente bei – zu einem farbenprächtigen Ganzen. Das erfolgreiche Team ist bunt!

* vgl. dazu: *Viktor E. Frankl*, „Ärztliche Seelsorge“, Deuticke, Wien, 10. Auflage, 1982, S. 87

Toleranz und Wertschätzung

Der Sinn der Individualität erfüllt sich erst in der Gemeinschaft.
Viktor E. Frankl

❋

Gemeinschaften sind keine Massenansammlungen, sondern Teams, die vollbringen, was ein einzelner niemals vollbrächte. Solche Teams sind auf die individuellen Talente und Ideen ihrer Mitglieder angewiesen, wie sich umgekehrt die Talente und Ideen einzelner Personen nur in einem Teamwork vervollkommnen. Man beachte daher: „Buntheit" ist die naturgegebene Voraussetzung für „Blühen".

❋

Es ist ein wahres Wunder, dass von Milliarden Menschen jeder einen eigenen unverwechselbaren genetischen Code bzw. Fingerabdruck besitzt. Jeder ist ein einzigartiges Individuum. Und dies nicht nur physisch. Auch die Begabungen, Meinungen, Überzeugungen, Weltanschauungen, Hoffnungen und Sehnsüchte der einzelnen Personen divergieren in unendlicher Vielfalt. Das ist herrlich! Man stelle sich bloß vor, wie öde unsere Welt wäre, wären alle Menschen gleich. Ein Volk von Bio-Robotern würde die Erde beherrschen. Freilich sind wir Menschen alle gleichwertig, aber Gleichheit ist im Plan der Natur nicht vorgesehen. Nun hat jede Herrlichkeit auch ihren Preis, und in unserem Falle ist der Preis ziemlich hoch. Die Verschiedenheit der Individuen, Rassen, Völker,

Nationen … erzeugt seit Jahrtausenden jenes Konfliktpotential, das zu Kriegen im Kleinen wie im Großen führt. Wobei noch niemand eine nachhaltige Lösung gefunden hat. Bleiben wir beim Kleinen: Überall, wo Menschen zusammen arbeiten oder zusammen leben, reibt es sich. Die Meinungen gehen auseinander, die Gemüter erhitzen sich, die Temperamente wallen auf, und schon ist das Malheur passiert. Ein Krach ist schnell da, doch Wiederversöhnungen haben lange Wartezeiten. Gibt es diesbezüglich präventive Möglichkeiten? Wahrscheinlich nur in einem Prozess des Umdenkens. Was Not tut, ist eine Blickumkehr, weg von der Erwartung, die anderen müssten meinen Vorstellungen entsprechen und sich meinen Wünschen gemäß verhalten, und hin zu der an mich selbst gestellten Erwartung, ich möge das Andersartige an den anderen mit so viel Achtung und Wertschätzung respektieren, als ich eben kann und die Sachlage eben erlaubt. Der gewendete Blick schraubt das Konfliktpotential hinunter und bringt mir die Herrlichkeit der Vielfalt ins Bewusstsein zurück. Plötzlich stehe ich wie in einem Prachtgarten, in dem die bunten Farben der Mitmenschlichkeit ringsum leuchten, und darf jeden in seiner Farbe „lieben“, ohne meine ureigene Farbe zu verlieren.

Das Streben nach oben

Je mehr der Mensch nach Glück jagt, umso mehr verjagt er es schon.
Viktor E. Frankl

❋

Ehrgeiz und Zielstrebigkeit sind effiziente Antriebsmotoren. Allerdings kommt es bei ihnen (ähnlich wie bei Pillen und Säften) auf die Dosis an. Zu wenig davon lässt Menschen stagnieren. Sie treten am Platz. Zu viel davon verleitet sie, wild nach „oben" zu drängen, und in ihrem forciertem Drang Unheil zu schaffen. Nach „oben" gelangt nur der Bedächtige, der sich einer wichtigen Aufgabe voll und ganz widmet.

❋

Du willst nach oben? Wohlan, steige auf! Aber beherzige beim Aufstieg einige Tipps, damit es Dir gut geht und Du nicht etwa unterwegs abstürzt. Der wichtigste Tipp lautet: wolle nichts erzwingen. Wer unbedingt nach oben gelangen will, wird blind und rücksichtslos – gegen andere und gegen sich selbst. Blind wird er dafür, was oben zu erledigen ist. Er sieht nicht mehr die Aufgabe, die zu erfüllen er sich hoch arbeitet. Er spürt nicht mehr die Lust an der Hingabe an jenes Werk, um dessentwillen er sich abmüht. Er ist zu fixiert auf Ruhm und Erfolg, als dass er bemerken würde, was die Erfordernisse der Stunde sind. Doch „Blindheit" ist gefährlich, der blinde Bergsteiger steigt leicht daneben. Glück und Erfolg lassen sich nicht erhaschen, sie sind vielmehr Nebenprodukte eines verantwortungsbewussten und wertefühligen Handelns. Und schon gar nicht lassen sie sich erhaschen, indem man „über Leichen geht“, und sei es die eigene. Steige also stetig auf, jedoch in Gelassenheit und Gleichmut, wo immer Du ankommen wirst. So bewahrst Du Dir den Weitblick, den Du unterwegs brauchst. Je höher Du steigst, desto schmäler werden die Stufen, desto stürmischer umwehen dich die Winde, desto weniger Begleiter hast Du an Deiner Seite. Sei Dir klar darüber, dass die Aufgaben und Schwierigkeiten, die Du zu meistern hast, mit zunehmender Höhe wachsen. Du musst nicht nur körperlich fit, sondern auch seelisch gefestigt sein, und dazu ist es nötig, an einem Glauben „angeseilt“ zu sein. Glaube an Dich, an Deine Mitmenschen, an eine Welt, die nicht heil, aber vielleicht heilbar ist, glaube an eine Mission, die Dir anvertraut ist. Der Glaube wird Dir helfen, die Schwerkraft zu überwinden, die Dich Stufe um Stufe retour ziehen will. Und noch ein letzter Tipp: Mache Dir keine Illusionen. Solltest Du wirklich die höchste Stufe erreichen, bedeutet dies zwar, dass Du dort eine Weile glücklich verharren darfst, doch von „oben“ geht es nur noch – bergab! Erringe Dir schon während des Aufstiegs die innere Stärke, mit Zufriedenheit ins Tal zurückkehren zu können.

Alles hat seine Zeit

Lebe so, als ob du zum zweiten Mal lebtest und das erste Mal alles so falsch gemacht hättest, wie du es zu machen – im Begriffe bist!
Viktor E. Frankl

❋

Oft hört man Leute sagen, sie würden vieles anders machen, könnten sie Abschnitte ihres Lebens wiederholen. Statt zu bedauern, dass dies eben nicht machbar ist, kann daraus eine produktive Phantasieübung konstruiert werden, der Art, dass man von vorn herein überlegt, was an gegenwärtigem Handeln man später vielleicht zu korrigieren wünschen würde. Das hilft, die „einmalige" Zeit klug zu nützen.

❋

Das Leben eines Menschen gleicht einem Roman, nur dass es noch viel faszinierender ist als jede von einem Schriftsteller ausgedachte Biographie. Dennoch gibt es auch im Leben die spannenden Passagen und die eher eintönigen Phasen, es gibt die Geschichten, in denen sich etwas Neues aufbaut und manchmal auch etwas Leidenschaftliches oder Dramatisches zusammenbraut, und dann wieder die sanften, ausklingenden Kapitel, in denen das Errungene gefestigt wird und die Tage in ihrem Rhythmus dahin laufen, als ginge es immer so weiter. Was es natürlich nicht tut. Denn wie jedes Kapitel Anfang und Ende hat, so hat auch im „Roman" des gelebten Lebens alles seine (begrenzte) Zeit. Ob dies tröstlich ist, ist relativ. Es mag in schmerzlichen Zeiten trösten, in denen man sich sagen kann, dass auch sie mit Gewissheit vorüber gehen werden. Früher oder später endet jedes Ungemach – analog zu jedem Text – mit einem Schlusspunkt. Weniger erfreulich ist die Aussicht auf Schlusspunkte allerdings, wenn man sich soeben im Höhenflug einer günstig aufwallenden Lebenslinie befindet. Der Mensch in der Fülle seiner körperlichen und geistigen Kräfte, ja, in Gipfelnähe seines Erfolges, schiebt den Gedanken an eine zeitliche Begrenzung naturgemäß gerne von sich weg. Doch Trost oder nicht, eines ist sicher: Nicht nur hat alles seine Zeit, es hat sie auch nur ein einziges Mal! Jedes Kapitel im „Roman" des Lebens wird nur einmal geschrieben. Da hat es der Schriftsteller unvergleichlich leichter. Er kann rückwirkend Texte umstellen, korrigieren, frisch erfinden nach Belieben, und was ihm nicht passt, einfach streichen. Hier hört die Analogie auf, denn dergleichen können wir in unserem Leben leider nicht. Jedes vollendete „Kapitel" ist „festgemauert in der Ewigkeit". Da lässt sich nur eines tun, nämlich achtsam und wachsam mit der Zeit umgehen, Fehler möglichst vermeiden, Gutes möglichst bewirken, Trauriges tapfer durchstehen, Feste fröhlich feiern und insgesamt unser Bestes versuchen, damit uns zum Schluss unser eigener „Roman" gefällt!

Ein selbst gesetztes Denkmal

In der Vergangenheit ist nichts unwiederbringlich verloren, sondern alles unverlierbar geborgen.
Viktor E. Frankl

❋

Es gibt für alles eine richtige Zeit, aber es gibt auch für jede Zeit eine richtige Verwendung. Versäumtes lässt sich vielleicht später, aber in „seiner" Zeit nicht mehr nachholen. Dem gegenüber steht ein Trost: An Gelungenem und Beglückendem braucht nicht geklammert zu werden. Mit seinem Vergehen in der Zeit verewigt es sich in der Vergangenheit. Gelebtes Leben wird zur Wahrheit über uns selbst.

❋

Die einzige Gerechtigkeit, die es auf Erden gibt, ist die simple Tatsache, dass der Tag für jeden Menschen 24 Stunden bereit hält. Und sogleich wird es wieder ungerecht, da den Menschen höchst unterschiedlich viele Tage beschieden sind: manchen zigtausende und manchen nicht einmal einer. Angesichts der Vergänglichkeit dieser unserer Tage heißt es, mit der Zeit behutsam umzugehen. Sie ist eine nicht-regenerierbare Ressource. Verprasstes Geld und Gut sind eventuell ersetzbar, vertane Stunden sind es nie. Insofern ist aller Besitz und auch jede erreichte Position ein „Lehen auf Zeit", das wieder zurückgegeben werden muss. Die Jugend ist ein Lehen, die physischen und psychischen Fähigkeiten, die wir erwerben, die Familienbande und Freundschaften, die wir knüpfen, sind uns für eine gewisse Zeit anvertraut, und sämtliche Rückversicherungen finanzieller oder sozialer Art, die wir uns emsig schaffen, sind solche mit Ablaufdatum. Doch braucht uns dies nicht traurig zu stimmen. Denn die Zeit fließt zwar ununterbrochen unter unseren Fingern hinweg, aber sie fließt nicht „irgendwohin", sondern in die Vergangenheit hinein. Und dort ist sie – streng philosophisch betrachtet – geborgen. Denn keine Macht der Welt, ja, nicht einmal der Tod, kann ein Detail aus der Vergangenheit jemals wieder herausbrechen. Angenommen, jemand habe eine 20-jährige harmonische Ehe geführt. Wie gut zu wissen, dass kein einziges Jahr davon mehr verloren gehen kann. Auch in 1000 Jahren, wenn niemand mehr von dieser Ehe etwas weiß, wird es noch immer wahr sein, dass sie in ihrer Zeit geführt worden ist und dass sie harmonisch gewesen ist. Aus 20 Jahren werden nicht 2, aus Harmonie wird nicht Streit werden.* Was wir geschaffen, was wir erlebt, was wir durchlitten haben, hat nicht nur seine Zeit, sondern auch ein Stück Ewigkeit. Es bleibt ewig wahr, gewusst oder ungewusst. Es gerinnt zu unserem „Denkmal". Insofern lohnt es sich, sehr genau zu bedenken, wofür wir unsere Zeit verwenden. Das weise verwendete Lehen kann leicht und mit Dank – zurückgegeben werden.

---

* vgl. dazu: *Viktor E. Frankl*, „Der Wille zum Sinn", Piper, München, 1991, S. 51

Kurz gesagt – lang nachgedacht. Eine Sammlung tiefsinniger Zitate

Zitate von Viktor E. Frankl

Über das Leben

Das Leben selbst ist es, das dem Menschen Fragen stellt. Er hat nicht zu fragen, er ist vielmehr **der vom Leben her Befragte***, der dem Leben zu antworten – das Leben zu verantworten hat.*

Nur im Handeln lassen sich die Lebensfragen wahrhaft beantworten – ihre Beantwortung erfolgt in der Verantwortung je unseres Daseins. Ja, unser ist das Dasein überhaupt nur, soweit es verantwortetes Dasein ist.

Es kommt nie und nimmer darauf an, was wir vom Leben zu erwarten haben, vielmehr lediglich darauf: was das Leben von uns erwartet.

Insofern, als wir auf die Tatsachen des Lebens erst zu antworten haben, stehen wir stets vor unvollendeten Tatsachen.

Das Wissen um eine Lebensaufgabe hat einen eminent psychotherapeutischen und psychohygienischen Wert. Wer um einen Sinn seines Lebens weiß, dem verhilft dieses Bewußtsein mehr als alles andere dazu, äußere Schwierigkeiten und innere Beschwerden zu überwinden.

Die Aufgabe wechselt nicht nur von Mensch zu Mensch – entsprechend der Einzigartigkeit jeder Person, sondern auch von Stunde zu Stunde, gemäß der Einmaligkeit jeder Situation.

Wahre Gemeinschaft ist wesentlich Gemeinschaft verantwortlicher Personen – bloße Masse aber nur Summe entpersönlichter Wesen.

Es wird übersehen, daß die Gesellschaft auch die Leidtragende und nicht nur die Schuldtragende ist an der Kriminalität der Kriminellen.

Es gibt nur zwei „Rassen": die Rasse der anständigen Menschen und die Rasse der unanständigen Menschen. Gerade deshalb, weil wir wissen, daß die Anständigen in der Minorität sind, ist jeder einzelne aufgerufen, diese Minorität zu stärken und zu stützen.

Die Welt ist kein Manuskript, das wir zu entziffern, sondern ein Protokoll, das wir zu diktieren haben.

Nichts ***ist*** *eine Selbstverständlichkeit – alles* ***wird*** *eine Selbstverständlichkeit. Aus dem immer wieder Gutes-tun wird schließlich das Gutsein.*

Nach Binswanger entspricht der Geworfenheit des Seins die Entworfenheit der Welt. Unserer Meinung nach ist der Weltentwurf aber in Wirklichkeit nicht der subjektive Entwurf einer subjektiven Welt, sondern zwar ein subjektiver Ausschnitt, aber der Ausschnitt einer ***objektiven*** *Welt.*

Im Gegensatz zum Tier sagt dem Menschen kein Instinkt, was er ***muß****, und im Gegensatz zum Menschen in früheren Zeiten sagt ihm keine Tradition mehr, was er* ***soll****, und nun scheint er nicht mehr recht zu wissen, was er eigentlich* ***will****...*

Jede Situation ist ein Ruf, auf den wir zu horchen, dem wir zu gehorchen haben.

Die Spielregeln des Lebens verlangen von uns nicht, daß wir um jeden Preis siegen, wohl aber, daß wir den Kampf niemals aufgeben.

Erst unter den Hammerschlägen des Schicksals, in der Weißglut des Leidens an ihm, gewinnt das Leben Form und Gestalt.

Schon an der Größe eines Augenblicks läßt sich die Größe eines Lebens ermessen: die Höhe einer Bergkette wird ja auch nicht nach der Höhe irgendeiner Talsohle angegeben, sondern ausschließlich nach der Höhe des höchsten Berggipfels. So entscheiden auch im Leben über dessen Sinnhaftigkeit die ***Gipfelpunkte****, und ein einziger Augenblick kann rückwirkend dem ganzen Leben Sinn geben.*

Der Sinn menschlichen Daseins ist in seinem irreversiblen Charakter fundiert.

Nie können wir aus der Länge eines Menschenlebens auf seine Sinnfülle schließen.

Nicht die Dauer der Existenz ist maßgebend, sondern die Sinnfülle der Existenz. Gäbe es keinen Tod, wäre das Leben also überhaupt endlos, so wäre es auch schon sinnlos.

Für gewöhnlich sieht der Mensch nur das Stoppelfeld der Vergänglichkeit; was er übersieht, sind die vollen Scheunen der Vergangenheit. Im Vergangensein ist nämlich nichts unwiederbringlich verloren, vielmehr alles ***unverlierbar geborgen****.*

Die Furcht bangt davor, was in der Zukunft verborgen ist; aber der Trost weiß darum, was in der Vergangenheit geborgen ist.

Alles, was sich verwirklicht, verewigt sich.

Lebe so, als ob du zum zweiten Mal lebtest und das erste Mal alles so falsch gemacht hättest, wie du es zu machen – im Begriffe bist!

... denn die Todesgewißheit bedeutet einen Schrecken nur auf dem Grunde eines schlechten Lebensgewissens!

Selbst ein Leben, das wir anscheinend vertan haben, läßt sich noch rückwirkend mit Sinn erfüllen, indem wir gerade durch die Selbsterkenntnis über uns hinauswachsen.

Der „Roman", den einer gelebt hat, ist noch immer eine unvergleichlich größere schöpferische Leistung als der, den jemand geschrieben hat.

Über den Menschen

Wollte man den Menschen definieren, dann müßte man ihn bestimmen als jenes Wesen, das sich je auch schon frei macht von dem, wodurch es bestimmt ist.

Menschliches Verhalten wird nicht von Bedingungen diktiert, die der Mensch antrifft, sondern von Entscheidungen, die er selber trifft.

Herrlich ist es, zu wissen, daß die Zukunft, meine eigene und mit ihr die Zukunft der Dinge, der Menschen um mich, irgendwie – wenn auch in noch so geringem Maße – abhängig ist von meiner Entscheidung in jedem Augenblick.

Immer wieder hören wir, wie sich unsere Patienten auf ihren Charakter berufen; aber der Charakter, auf den ich mich berufe, wird im gleichen Augenblick zu einem ***Sündenbock****: im Augenblick, da ich von ihm rede, rede ich mich auf ihn auch schon aus.*

Der Mensch „hat" einen Charakter, aber er „ist" eine Person und „wird" eine Persönlichkeit. Indem sich die Person, die einer „ist", mit dem Charakter, den einer „hat", auseinandersetzt, indem sie zu ihm Stellung nimmt, gestaltet sie ihn und sich immer wieder um und „wird" zur Persönlichkeit.

Der Mensch ist das Wesen, das immer entscheidet. Und was entscheidet es? Was es im nächsten Augenblick sein wird.

Die Freiheit „hat" man nicht – wie irgend etwas, das man auch verlieren kann, sondern die Freiheit „bin ich".

Der Mensch handelt nicht nur gemäß dem, was er ist, sondern er wird auch, wie er handelt.

Je genormter eine Maschine ist, um so besser ist sie, je genormter jedoch der Mensch – je mehr er in seinem Typus aufgeht und einer Durchschnittsnorm entspricht, um so abtrünniger ist er der ethischen Norm.

Das Wesen des Menschen geht weder im Leiblichen noch im Seelischen auf.

Niemals steht Existenz als Objekt vor mir, vor meinen Augen; sie steht vielmehr immer hinter meinem Denken, hinter mir als Subjekt. So ist Existenz letzten Endes ein Mysterium.

Die Eltern geben bei der Zeugung eines Kindes die Chromosomen her – aber sie hauchen nicht den Geist ein.

Vererbung erklärt nichts Eigentliches und insofern eigentlich nichts. Vor allem läßt sich mit dem Rekurs auf Vererbung nicht die Frage beantworten ...: Was fängt die geistige Person mit der jeweiligen Erbanlage, mit der psychophysischen Erbmasse an? Was fängt sie mit den Bedingungen an, unter die sie – ***die jeweils sich selbst bestimmende*** *– gestellt ist?*

Das Wesen der menschlichen Existenz liegt in deren Selbsttranszendenz.

Unter der Selbsttranszendenz menschlicher Existenz verstehe ich den grundlegenden anthropologischen Tatbestand, daß Menschsein immer über sich selbst hinaus auf etwas verweist, das nicht wieder es selbst ist, – auf etwas oder auf jemanden: auf einen Sinn, den da ein Mensch erfüllt, oder auf mitmenschliches Sein, dem er da begegnet.

Ganz Mensch ist der Mensch eigentlich nur dort, wo er ganz aufgeht in einer Sache, ganz hingegeben ist an eine andere Person. Und ganz selbst wird er, wo er sich selbst – übersieht und vergißt.

Je mehr es dem Menschen um die Lust geht, umso mehr vergeht sie ihm auch schon. Je mehr er nach Glück jagt, um so mehr verjagt er es auch schon.

In Wirklichkeit ist Lust nicht das Ziel unserer Strebungen, sondern ***die Folge*** *ihrer Erfüllung.*

Der Wille zur Lust tritt erst dann auf den Plan, wenn der Mensch in seinem Willen zum Sinn leer ausgeht.

Anscheinend verträgt der Mensch auf Dauer die absolute Unbeschwertheit im psychologischen Sinne ebensowenig wie die absolute Schwerelosigkeit im physikalischen Sinne, und anscheinend kann er im sinnlosen Raum ebensowenig wie im luftleeren Raum existieren.

Findet der Mensch einen Sinn, dann (aber auch nur dann) ist er glücklich – einerseits; denn andererseits ist er dann auch leidensfähig.

Der Mensch kann sich letzten Endes nur in dem Maße verwirklichen, in dem er einen Sinn erfüllt – draußen in der Welt, aber nicht in sich selbst.

Ich kann mir nicht vorstellen, daß etwas einen Menschen mehr befähigt, subjektive Beschwerden und objektive Schwierigkeiten zu ertragen oder zu überwinden, als das Gefühl, eine Aufgabe zu haben – eine Mission.

Mensch-Sein heißt In-der-Spannung-Stehen zwischen Sein und Sollen, unaufhebbar und unabdingbar! Was wir zu fürchten haben, ist weniger eine Überforderung als vielmehr die Unterforderung des Menschen ... wir wissen zur Genüge um die Pathogenität nicht nur von Streß-Situationen, also von Situationen der Belastung, sondern auch von Situationen der Entlastung.

In der Begegnung transzendiere ich mich selbst, wenn sie echt ist, und bringe nicht nur mich selbst zum Ausdruck.

Das Ich wird Ich erst am Du.

Freilich: bloße Verliebtheit macht irgendwie blind; echte Liebe jedoch macht sehend.

Das Ansichtigwerden von Werten kann einen Menschen nur bereichern. Also muß auch Liebe den Liebenden auf jeden Fall bereichern. Es gibt somit keine „unglückliche Liebe", kann keine geben; „unglückliche Liebe" ist ein Widerspruch in sich selbst.

Echte Liebe an und für sich bedarf des Körperlichen weder zu ihrer Erweckung noch zu ihrer Erfüllung; aber sie bedient sich des Körperlichen in Hinsicht auf beide.

Wollen wir eine Brücke schlagen von Mensch zu Mensch – und dies gilt auch von einer Brücke des Erkennens und Verstehens, so müssen die Brückenköpfe eben nicht die Köpfe, sondern die Herzen sein. Das Gefühl kann viel feinfühliger sein als der Verstand scharfsinnig.

Es gibt kaum etwas im menschlichen Dasein, das dem Menschen so sehr und in einem solchen Ausmaß ermöglichte, Distanz zu gewinnen, wie der Humor.

Erst die Selbstvergessenheit führt zur Sensitivität, und erst die Selbsthingabe zur Kreativität.

Menschsein heißt Bewußtsein und Verantwortlichsein.

Das Gewissen läßt sich definieren als die intuitive Fähigkeit, den einmaligen und einzigartigen Sinn, der in jeder Situation verborgen ist, aufzuspüren. Mit einem Wort, das Gewissen ist ein **Sinn-Organ***.*

Gewissenskonflikte gibt es in Wirklichkeit nicht, denn, was einem das Gewissen sagt, ist eindeutig. Der Konfliktcharakter wohnt vielmehr den Werten inne ...

Das Gewissen ist ein prämoralisches Wertverständnis, das aller expliziten Moral vorgängig ist.

Über Probleme

Das Bedrückende ist nicht die Arbeitslosigkeit an sich, sondern das Sinnlosigkeitsgefühl. Der Mensch lebt nicht von der Arbeitslosenunterstützung allein.

So einfach dürfen wir es uns nicht machen, daß wir das Sinnlosigkeitsgefühl auf die gesellschaftlichen und wirtschaftlichen Bedingungen zurückführen.

Das Leiden am sinnlosen Leben muß keineswegs Ausdruck einer seelischen Krankheit, es kann vielmehr der Ausdruck geistiger Mündigkeit sein.

Wir müssen zwischen Leiden und Verzweifeln unterscheiden. Ein Leiden mag unheilbar sein, aber der Patient verzweifelt erst dann, wenn er im Leiden keinen Sinn mehr sehen kann.

Hinter jeder Verzweiflung steckt eine Vergötzung.

Der Frontalangriff auf manche Symptome hält sie nur im Brennpunkt der Aufmerksamkeit fest und erhält sie am Leben.

Ignorieren kann ich etwas letzten Endes nur, wenn ich daran vorbei auf etwas Positives hin agiere.

Das Tun ist nicht etwa dazu da, daß wir der Langweile entgehen; sondern die Langweile ist dazu da, daß wir dem Nichtstun entgehen und dem Sinn unseres Lebens gerecht werden.

Die Furcht verwirklicht, was sie fürchtet. Nicht anders jedoch als die Furcht verwirklicht, wovor sie sich fürchtet, verunmöglicht der forcierte Wunsch, was er intendiert.

Im Rahmen der (Methode der) „Paradoxen Intention" wird nicht die Angst selbst „paradox intendiert", sondern der jeweilige Inhalt und Gegenstand der Angst. Geht doch die Anweisung zur „Paradoxen Intention" dahin, daß sich der Patient wünschen bzw. vornehmen soll, was er bis dahin so sehr gefürchtet hat. Mit einem Wort, nicht die Angst, sondern das Wovor der Angst wird „paradox intendiert".

Der (Angst-)Patient soll lernen, seiner Angst ins Gesicht zu sehen, ja ihr ins Gesicht zu lachen. Hierzu bedarf es eines ***Mutes zur Lächerlichkeit****.*

Das Allervernünftigste ist, nicht allzu vernünftig sein zu wollen.

Wer sich der Torschlußpanik hingibt, der vergißt, daß sich neue Tore öffnen, während sich die alten schließen.

Wer sein Schicksal für besiegelt hält, ist außerstande, es zu besiegen.

Freiheit ohne Schicksal ist unmöglich; Freiheit kann nur die Freiheit gegenüber einem Schicksal sein, ein freies Sich-Verhalten zum Schicksal.

Das Schicksal gehört zum Menschen wie der Boden, an den ihn die Schwerkraft fesselt, ohne die aber das Gehen unmöglich wäre.

Zu unserem Schicksal haben wir zu stehen wie zu dem Boden, auf dem wir stehen – ein Boden, der ***das Sprungbrett für unsere Freiheit*** *ist.*

Krankheit ist eine Bewährungsprobe der menschlichen Freiheit.

... die Melancholie vorüberziehen lassen wie eine Wolke, die zwar die Sonne verdunkeln kann, aber nicht vergessen läßt, daß es trotzdem die Sonne gibt!

In den Konzentrationslagern wurden die Menschen differenzierter. Die Schweine demaskierten sich. Und die Heiligen taten es ebenfalls. Der Hunger entlarvte sie. Der war derselbe, im einen wie im anderen Falle. Die Menschen aber differenzierten sich ...

Die Immunlage hängt u. a. von der Affektlage ab, und die Affektlage hängt wesentlich von der inneren Sinnerfüllung ab.

Die „noogene" Neurose geht nicht auf Komplexe und Konflikte im herkömmlichen Sinne zurück, sondern auf Gewissenskonflikte, auf Wertkollisionen und auf das Sinnlosigkeitsgefühl.

Das „existentielle Vakuum", in das allein der neurotische Zirkel hineinzuwuchern vermag, ist an sich nicht pathogen, dennoch erweist sich die Auffüllung dieses Vakuums als antipathogen.

Dem „Willen zum Sinn" kommt etwas zu, für das die moderne Psychologie den Ausdruck „survival value" (Überlebenskraft) geprägt hat.

Hält uns ein Patient vor, er wisse nicht um den Sinn seines Lebens, dann können wir nur erwidern, daß seine erste, nächstliegende Aufgabe eben darin besteht, zu der eigentlichen Aufgabe hinzufinden und zum Sinn des Lebens vorzustoßen.

Der Selbstmord ist ein Nein auf die Sinnfrage.

Nicht im Daß: im Wie des Leidens liegt der Sinn des Leidens.

Das Leiden – auch die Schuld – hat einen Sinn, wenn du selbst ein anderer wirst.

Die Trauer um einen Menschen, den wir geliebt und verloren haben, läßt ihn irgendwie weiterleben, und die Reue des Schuldigen läßt diesen von Schuld befreit irgendwie auferstehen.

Wenn man dem Menschen die Schuld nimmt (= mittels psychologischen Erklärungen abspricht), nimmt man ihm auch die Würde.

Toleranz besteht nicht darin, daß man die Ansicht eines anderen teilt, sondern nur darin, daß man dem anderen das Recht einräumt, überhaupt anderer Ansicht zu sein.

Leiden heißt leisten und heißt wachsen. Aber es heißt auch reifen. Denn der Mensch, der über sich hinauswächst, reift zu sich selbst heran. Ja, die eigentliche Leistung des Leidens ist nichts anderes als ein Reifungsprozeß. Die Reifung jedoch beruht darauf, daß der Mensch zur inneren Freiheit gelangt – trotz äußerer Abhängigkeit.

Das Leiden hat nicht nur ethische Dignität – es hat auch metaphysische Relevanz. Das Leiden macht die Menschen ***hellsichtig*** *und die Welt* ***durchsichtig****. Das Sein wird transparent hinein in eine metaphysischen Dimensionalität.*

Über Psychotherapie und Logotherapie

Die Geburtsstunde der Psychotherapie hatte geschlagen, als man daranging, hinter körperlichen Symptomen die seelischen Ursachen zu sehen, also ihre Psychogenese zu entdecken; jetzt aber gilt es, noch einen letzten Schritt zu tun und hinter dem Psychogenen den Menschen in seiner geistigen Not zu schauen – um von hier aus zu helfen.

Der Traum eines halben (heute: des 20.) Jahrhunderts ist ausgeträumt: der Traum nämlich, der einer Mechanik der Seele und einer Technik der Seelenheilkunde gegolten hatte – oder, mit anderen Worten, einer Erklärung des Seelenlebens auf Grund von Mechanismen und einer Behandlung von Seelenleiden mit Hilfe von Technizismen.

Nie kommt es auf eine Technik an, sondern immer nur auf denjenigen, der die Technik handhabt, auf den Geist, in dem sie gehandhabt wird.

An Stelle der Automatie eines seelischen Apparates sieht die Logotherapie die Autonomie der geistigen Existenz.

Logotherapie ist Therapie vom Geistigen her und auf Geistiges hin.

Ich muß gestehen, daß ich keineswegs davon überzeugt bin, daß das Wissen um irgendwelche Krankheiten (die man hat) unter allen Umständen auch etwas Heilsames darstellt.

Das Entlarven ist durchaus legitim. Aber es muß innehalten, wo der „entlarvende Psychologe" auf etwas Echtes, auf das echt Menschliche im Menschen stößt, das sich eben nicht mehr entlarven läßt. Hält er auch dort nicht inne, dann entlarvt er nur noch eines, nämlich sein eigenes, unbewußtes Motiv, das Menschliche im Menschen herabzusetzen und abzuwerten.

Der Nihilismus demaskiert sich nicht durch das Gerede vom Nichts, sondern maskiert sich durch die Redewendung „nichts als".

Die Logotherapie hat das große geschichtliche „Modell" einer geistigen Auseinandersetzung, das klassische Gespräch von Mensch zu Mensch: **den sokratischen Dialog** *zum Vorbild.*

Die Idee eines „Willens zum Sinn" darf nicht im Sinn eines Appells an den Willen mißdeutet werden. An den „Willen zum Sinn" appellieren heißt vielmehr, den Sinn selbst aufleuchten zu lassen – und es dem Willen überlassen, ihn zu wollen.

Der Logotherapeut wird sich schon deshalb davor hüten, daß der Patient die Verantwortung auf ihn abwälzt, weil Logotherapie wesentlich Erziehung zur Verantwortung ist.

Der Logotherapie genügt und muß genügen die Führung des Kranken bis zum radikalen Erlebnis seiner Verantwortung.

Jede gute Therapie leitet einen inneren Wachstumsprozeß bei einem Patienten ein, was dazu führt, daß dieser allmählich über den Dingen – und notfalls ***über sich selbst*** *zu stehen vermag.*

Wollen wir im Dienst der Logotherapie den Patienten zur möglichsten Konzentriertheit seines Lebens bringen, brauchen wir ihm nur zeigen, wie das Leben jedes Menschen ein einzigartiges Ziel hat, zu dem ein einmaliger Weg führt.

Es geht nicht darum, daß wir dem Patienten einen Daseinssinn ***geben****, sondern einzig und allein darum, daß wir ihn instand setzen, den Daseinssinn zu* ***finden****, daß wir sozusagen sein Gesichtsfeld erweitern, so daß er des vollen Spektrums personaler und konkreter Sinn- und Wertmöglichkeiten gewahr wird.*

Für die Logotherapie ist auch ein biologisches Faktum noch lange kein biographisches Fatum.

... immer wieder gilt es, die „Trotzmacht des Geistes", wie ich sie genannt habe, aufzurufen gegen die nur scheinbar so mächtige Psychophysis.

Es ist keineswegs so, als ob die Logotherapie das Biologische oder das Emotionale übersähe; sie möchte nur eines: daß nämlich über dem Physiologischen und dem Psychologischen nicht das Noologische vergessen wird. Wenn ein Haus gebaut wird und zum Schluß der Dachdecker an die Arbeit geht, wird ihm niemand den Vorwurf machen, daß er sich nicht um den Keller kümmert.

Eine rehumanisierte Psychotherapie setzt voraus, daß wir die Selbst-Transzendenz in den Blick bekommen und die Selbst-Distanzierung in den Griff bekommen.

Der Logotherapie geht es nicht darum, das einzelne Symptom oder die Krankheit als solche zu behandeln, sondern was hier behandelt werden soll, ist das Ich des Neurotikers, das gewandelt werden soll, ist seine Einstellung zur Neurose.

Die psychosomatische Medizin läßt uns weniger verstehen, warum da einer krank wird, als vielmehr, warum da einer gesund bleibt ... Es ist doch klar, daß es dort, wo es eine Auslösung vom Seelischen her gibt, auch eine Verhütung von dort her geben muß.

Die Logotherapie bei Psychosen ist wesentlich Therapie am Gesundgebliebenen ..., denn das Gesundgebliebene ist nicht erkrankungsfähig, und das Krankgewordene ist im Sinne einer Psychotherapie nicht behandlungsfähig.

Die geistige Person ist störbar aber nicht zerstörbar – durch eine psychophysische Erkrankung.

Blockiert nicht eine Psychologie ohne Logos, die nur Ursachen und Wirkungen kennt, aber keinen Sinn, der noch das Leiden zu krönen vermöchte, blockiert nicht diese Psychologie, wenn sie vom Therapeuten auf den Patienten übertragen wird, des letzteren Fähigkeit, äußere Tragödien in innere Triumphe zu verwandeln und Zeugnis abzulegen vom humanen Potential, das in ihm schlummert?

Ärztlicher Seelsorge bleibt es vorbehalten, dort überall, wo der leidende Mensch mit einem **an sich unaufhebbaren Schicksal** *konfrontiert ist, in der richtigen Einstellung zu ebendiesem Schicksal, im rechten, nämlich aufrechten Leiden, noch eine letzte und doch die höchste Möglichkeit zur Sinnfindung sichtbar zu machen.*

Der leidende Mensch steht **höher** *als der tüchtige Mensch. Und wäre dem nicht so, dann stünde es nicht dafür, Psychiater zu sein, denn nicht für einen verdorbenen „psychischen Mechanismus", nicht für einen ruinierten „seelischen Apparat" und nicht für eine zerbrochene Maschine möchte ich Seelenarzt sein, sondern nur für das Menschliche im Kranken, das hinter alledem und über alledem steht.*

Die Existenzanalyse hat das Zimmer der Immanenz einzurichten und möglichst auszugestalten und sich dabei nur davor zu hüten, daß sie die Türe zur Transzendenz nicht verstelle.

Über Geist und Sinn

Es ist nicht die Aufgabe des Geistes, sich selbst zu beobachten und sich selbst zu bespiegeln. Zum Wesen des Menschen gehört das Hingeordnet- und Ausgerichtetsein, sei es auf etwas, sei es auf jemanden, sei es auf ein Werk oder auf eine Person. Nur in dem Maße, in dem wir solcherart intentional sind, sind wir existentiell; nur in dem Maße, in dem der Mensch geistig **bei etwas** *oder* **bei jemandem** *ist – nur in dem Maße solchen* **Beiseins** *ist der Mensch bei sich.*

Die bloße Beobachtung eines geistig seelischen Prozesses beeinflußt diesen auch schon.

Geistiges gelangt zum Ausdruck – und verlangt nach Ausdruck – im Körperlichen und Seelischen.

Die Beziehung zwischen geistiger Person und somatischem Organismus ist eine instrumentale; der Geist instrumentiert das Psychophysikum – die geistige Person organisiert den psychophysischen Organismus – ja, sie macht ihn überhaupt erst zu „ihrem", indem sie ihn zum Werkzeug macht, zum organon, zum instrumentum.

Der Geist braucht den Sinn – der Nous den Logos – und die noogene Erkrankung ihre logotherapeutische Behandlung.

Geistige Akte stoßen zu ihren intentionalen Gegenständen vor. Der Gesamtbereich der intentionalen Gegenstände ist die Welt, die menschliches Sein als dessen Horizont immer schon umfaßt.

Eine Sinnmöglichkeit ist die Möglichkeit, die Wirklichkeit (konstruktiv) zu verändern. Eine solche Möglichkeit geht entweder so vor sich, daß – solang dies möglich ist – die Situation geändert wird, oder daß der Mensch – sobald dies notwendig wird – sich selbst ändert.

Die Sinnmöglichkeit ist wie die Situation immer einzigartig und einmalig.

Das Moment der freien Stellungnahme gilt nicht nur gegenüber der eben bloß scheinbaren Nötigung durch die biologischen, psychologischen und soziologischen Bedingungen, sondern auch gegenüber einer zu verwirklichenden Wertmöglichkeit.

Sofern es um Einstellungswerte geht, gründet das Ethos im Pathos. Die Verwirklichung von Einstellungswerten erweist sich als die Erfüllung des möglichen Sinns von notwendigem Leid.

In einem Zeitalter, in dem die 10 Gebote für so viele ihre Geltung zu verlieren scheinen, muß der Mensch instandgesetzt werden, die 10.000 Gebote zu vernehmen, die in den 10.000 Situationen verschlüsselt sind, mit denen ihn sein Leben konfrontiert.

Über kurz oder lang werden gut und böse definiert werden nicht im Sinne von etwas, das wir tun sollen bzw. nicht tun dürfen, sondern gut wird uns dünken, was die Erfüllung ***des einem Seienden aufgetragenen und abverlangten Sinnes*** *fördert, und für böse werden wir halten, was solche Sinnerfüllung hemmt.*

Für die einen heiligt der Zweck die Mittel – während die anderen sich sehr wohl dessen bewußt sind, daß es auch Mittel gibt, die den heiligsten Zweck entweihen können. In Wirklichkeit ist es aber gar nicht wahr, daß der Zweck die Mittel heiligt; es kann schon deshalb nicht wahr sein, weil einem Menschen, für den alles nur Mittel zum Zweck ist, auch der Zweck nicht heilig sein kann.

Werte können wir nicht lehren, Werte müssen wir leben.

Nicht was ich behalte, behält Wert; sondern was ich opfere, ***erhält*** *Wert.*

Im Gegensatz zu den Energiequellen ist der Sinn unerschöpflich. Sinn kann nicht erfunden, sondern nur gefunden werden. Sinn kann nicht verschrieben, sondern nur beschrieben werden. Der Sinn ist Schrittmacher des Seins.

Über Religiosität

Es mag so aussehen, als ob wir ... die Philosophie hineintrügen in die Psychotherapie, aber dem ist keineswegs so. Sondern es sind die Patienten, welche „die Philosophie" jeweils an uns herantragen – „die Philosophie": d. h. philosophische Fragen.

Solange uns eine absolute Wahrheit nicht zugänglich ist, müssen wir uns damit begnügen, daß die relativen Wahrheiten einander korrigieren.

Je umfassender ein Sinn ist, um so weniger faßlich ist er. Der unendliche Sinn ist für ein endliches Wesen überhaupt nicht faßlich.

Der Glaube ist nicht ein Denken, vermindert um die Realität des Gedachten, sondern ein Denken, vermehrt um die Existentialität des Denkenden.

Vor Jahrtausenden hat sich die Menschheit zum Glauben an den einen Gott durchgerungen: zum ***Monotheismus*** *– wo aber bleibt das Wissen um die eine Menschheit, ein Wissen, das ich* ***Mon-***

anthropismus *nennen möchte? Das Wissen um die Einheit der Menschheit, eine Einheit, die hinausgeht über alle Mannigfaltigkeiten, sei es solche der Hautfarbe oder der Parteifarbe.*

Wenn es in der Genesis heißt, der Mensch sei am sechsten Tage der Schöpfung erschaffen worden, und am siebenten Tag habe Gott geruht, so können wir sagen: Am siebenten Tag legte Gott die Hände in den Schoß, und seither liegt es am Menschen, was er, der Mensch, aus sich macht – selber macht. Gott? wartet ab – und sieht zu, wie der Mensch die geschaffenen Möglichkeiten schöpferisch verwirklicht. Noch sind diese Möglichkeiten nicht voll ausgeschöpft. Noch wartet Gott, noch ruht er, noch ist es Sabbat: Sabbat in Permanenz.

Die Intention ist unser, der Effekt ist Gottes.

Die Person begreift sich selbst nicht anders denn von der Transzendenz her. Mehr als dies: der Mensch ist auch nur Mensch in dem Maße, als er sich von der Transzendenz her versteht, – er ist auch nur Person in dem Maße, als er von ihr her ***personiert*** *wird: durchtönt und durchklungen vom Anruf der Transzendenz. Diesen Anruf der Transzendenz hört er ab im Gewissen.*

Echte Religiosität hat nicht Triebcharakter, sondern Entscheidungscharakter ... Religiosität ist entweder existentiell, oder sie ist gar nicht.

Frei-sein ist wenig, ist nichts – ohne ein Wozu; aber auch Verantwortlich-sein ist noch nicht alles – ohne ein Wovor.

Wie oft sind es erst die Ruinen, die den Blick freigeben auf den Himmel.

Die einzige dem Menschen angemessene Haltung angesichts der Problematik einer Patho- oder gar Theodizee ist die Einstellung des Hiob, der sich ***vor dem Geheimnis beugte*** *– und, darüber hinaus, die Haltung des Sokrates, der zwar zu wissen vorgab, aber nur:* ***daß er nichts weiß****.*

Wir wissen: Vom unendlich fernen, unendlich tiefen Grund des Seins her wird uns nur dann keine Antwort zuteil, wenn wir unsere Fragen – richtig adressiert haben. Denn dann bleiben wir gerade deshalb ohne Antwort, weil unsere Fragen — das Unendliche erreicht haben.

Der Zufall ist der Ort, an dem das Wunder nistet – oder besser gesagt: nisten kann, denn immer kann etwas nur – niemals muß es mehr als bloßer Zufall sein.

Gott ist ***der Partner unserer intimsten Selbstgespräche****. Wann immer wir ganz allein sind mit uns selbst, wann immer wir in letzter Einsamkeit und in letzter Ehrlichkeit Zwiesprache halten mit uns selbst, ist es legitim, den Partner solcher Selbstgespräche Gott zu nennen – ungeachtet dessen, ob wir uns nun für atheistisch oder gläubig halten.*

Unsere Formel vom „unbewußten Gott" meint nicht, daß Gott an sich, für sich, sich selbst – unbewußt sei; vielmehr meint sie, daß Gott mitunter uns unbewußt ist, daß unsere Relation zu ihm unbewußt sein kann, nämlich verdrängt und so ***uns selbst*** *verborgen.*

Man kann sich alles Werthafte so vorstellen, daß es in einem höchsten Wert, in einer „Wertperson" (Scheler) konvergiert; so daß vielleicht jede Wahrheit, zu Ende gedacht, Gott meint; und alle Schönheit, zu Ende geliebt, Gott schaut; und jeder Gruß, richtig verstanden, Gott grüßt.

Erst wenn man einmal dort steht, von wo aus sich das trostloseste und aussichtsloseste Schicksal tragen läßt – nämlich nur „Gott zuliebe" ... kann man Ja zum Leben sagen trotz allen Bedingungen und Umständen, auch unter mißlichsten und ungünstigsten.

Zitate von Elisabeth S. Lukas

Die Geschichte der Menschheit begann nicht mit dem Tag, als Tiere sich anschickten, Gegenstände als Werkzeuge zu benutzen, sondern sie begann an dem Tag, als der Geist sich anschickte, einen gut genug entwickelten tierischen Körper zu seinem Werkzeug zu machen.

Das Ich von heute, das frei ist, das Ich von morgen zu wählen, ist zugleich das Ich, das verantwortlich ist für das Ich, das es gestern gewählt hat.

Jedem Menschen, in welcher Lage er sich auch befindet, ist stets etwas „aufgegeben", und sei es nur, seine Lage geduldig und ohne Missmut zu ertragen. Allerdings ist es im Prinzip nicht von anderen Menschen „aufgegeben", auch nicht von der Gesellschaft, der er angehört, sondern vom Leben höchstpersönlich!

Entweder man übernimmt eine Lebensaufgabe, oder es kommt zur Selbstaufgabe.

Das Ja zum Sein hängt an der Entscheidung zum Sinn.

Niemals wird der Selbstmord um eines verlorenen Glückes willen in Betracht gezogen werden, wenn das Weiterleben wegen eines zu erfüllenden Sinnes für notwendig erachtet wird.

Wo ein Mindestmaß an Selbstdisziplin fehlt, sind geistige Kräfte entmachtet.

Taten setzen einen Grund voraus, aus dem sie gesetzt werden.

Bei einer richtig verstandenen und positiv gelungenen Selbstverwirklichung werden keineswegs alle unbefriedigten menschlichen Bedürfnisse gestillt, sondern die Welt wird ein klein wenig heller, gütiger, sanfter durch dieses Selbst, das sich da verwirklicht, indem es wirkt auf seine eigene, unverwechselbare, persönliche und fruchtbare Art.

Man muss sich innerlich frei machen von schicksalhaften Abhängigkeiten, um frei zu sein für verantwortliche Entscheidungen, die vom Sinn der Situation wiederum abhängig sind.

Kein Mensch ist noch an einer Frustration allein zerbrochen, wohl aber haben sich viele Menschen mit negativen Reaktionen auf Frustrationen ins Unglück gebracht, was damit zusammenhängt, dass sie etwas Widersinniges in der Welt fortgepflanzt haben, statt ihm sinnvoll zu begegnen.

Ich wünsche nichts für mich, ich fürchte nicht um mich, – ich bin frei zu einem sinnvollen Leben.

Wirklich frei ist, wer sich löst vom Getriebenwerden durch Angst und Begierden. Frei ist, wer auf emotionaler Ebene nichts wünscht und nichts fürchtet, sondern sich ausliefert einem natürlichen gefühlsmäßigen Mitschwingen im Lebensvollzug, wie er nun einmal ist.

Ändern kann man immer nur sich selbst, sich selbst aber immer.

Wer verbissen gegen alle Schwierigkeiten ankämpft, bewirkt eine ständige Vergrößerung seiner Schwierigkeiten.

Die Bereitschaft, notfalls auch Unangenehmes auszuhalten, macht das Leben leichter; die fehlende Bereitschaft macht es zur Katastrophe.

Wahrer Seelenfriede steht niemals am Ende einer Flucht, sondern immer am Anfang einer Akzeptanz.

Ein Mensch, der sich geborgen weiß, braucht herrlich vieles nicht. Das letzte Sollen des Menschen ist eben nicht, sich vor Unannehmlichkeiten zu schützen, sondern sich in Gottvertrauen fruchtbar einzubringen in unsere Welt.

Neben den eigenen Bedürfnissen gibt es auch eine ***Bedürftigkeit der Welt.*** *Sie einfühlsam wahrzunehmen, ist für seelisch kranke Menschen „Medizin vom Feinsten“*

Es ist, als schwinge im jeweiligen Sinn des Augenblicks das uralt-prophetische Wort mit, wonach diejenigen ihr Leben gewinnen werden, die sich einverstanden erklären, es zu verlieren und hinzugeben – an eine sinnvolle Sache.

Stress braucht eine Zukunft, die mit einer Vision gefüllt ist. Muße braucht eine Vergangenheit, die mit einem vollendeten Werk gefüllt ist.

Worauf es ankommt, das sind nie die Bedingungen, die man vorfindet, sondern das ist stets das Lebenswerk, das man daraus gemacht hat.

Wer Probleme sucht, wird Probleme finden, wer Aufgaben in seinem Leben sucht, wird Sinnerfüllung finden. Ein erfülltes Leben ist ein Weg, der immer offen steht – für alle.

Menschliche Leistung steht immer in Relation zu den Bedingungen, unter denen sie erbracht worden ist.

Vielleicht ist dies das Wunder der Arbeit überhaupt: sie fehlt demjenigen, der sich ihr verweigert, sie drückt denjenigen nieder, der sie sich überstülpt, aber sie beflügelt denjenigen, der sie leistet, damit ein Werk getan ist, das auf ihn und sein Wirken gewartet hat – ein Leben lang und stets aufs Neue.

Das Motiv einer Handlung ist für den Handelnden genau so wichtig, wie die Güte der Handlung für den oder die „Behandelten" wichtig ist.

Wer sich selbst finden will, muss andere suchen.

Wahre Liebe erlebt sich selbst nicht als Gefühl auf Widerruf.

Lieben ist ein Verdienst – Geliebtwerden ist Gnade.

Das Verschenken von Liebe steht höher als das Erwidern von Liebe.

Allen Schwierigkeiten wohnt zutiefst noch eine Sinnmöglichkeit inne – sie läßt zu einer Liebe heranreifen, die in Not und Leid gewogen und für tragfähig befunden worden ist.

Der Sinn schlägt Brücken zur Welt. Der Sinn verlockt stets zum Spaziergang über die Brücke vom Ich zum Du.

Zum Streiten gehören zwei – zum Kränken genügt einer.

Familie ist, von ihrem Ur-Sinn her, Geborgenheit. Bedingungslose Geborgenheit, solange sie intakt ist. Familie ist Schutz für Leben und Schutz für menschenwürdiges Sterben. Familie ist Nachsicht gegenüber der Jugend und Rücksicht gegenüber dem Alter. Familie ist das Wissen, einen unverlierbaren Platz auf dieser Welt zu haben, an dem man immer willkommen ist, sei man Bettler oder Millionär ...

Wir wissen oft nicht, wofür etwas gut ist, das mit uns geschieht. Aber gut ist es zu wissen, dass **alles** *seinen Sinn haben kann, was mit uns geschieht.*

Es lebt die Ahnung in dir, dass dort, wo deine Weisheit zu Ende ist, die Gnade beginnt.

Es ist die Stille, in der wir die zarten Weisungen des Herzens vernehmlich empfangen, die uns neu den Weg weisen – ins Leben.

Das Sinnlosigkeitsgefühl als Krisenfaktor Nr. 1 hängt damit zusammen, ob einer weiß, was er will und was nicht – und ob er will, was Sinn hat, oder nicht.

Wahre Sinnerfüllung setzt die Fähigkeit voraus, innerlich ein echtes Ja zu sprechen – zur Forderung der Stunde, zu ihrer Schönheit, zu ihrer Schwere, zu ihren nie zurückkehrenden Chancen.

Der „Sinn des Augenblicks" oszilliert im persönlichen Wertsystem wie sprunghaft-wechselnde Leuchtpunkte einer Lichterkette.

Der Sinn ist ein immerwährender und ein immer anderer.

Der Sinn ist unerschöpflich wie eine Quelle, die nicht ausgetrunken werden kann, ohne die jedoch Menschsein vertrocknen würde.

Sinn kann nicht erfunden werden, er ist immer zu entschlüsseln und zu enträtseln. Er keimt in jeder Stunde, wartet auf jede Person, und dennoch enthüllt er sich in Form ständiger Überraschungen.

Nur die ergriffenen und in der richtigen Zeit umgesetzten Möglichkeiten erfüllen Sinn.

Der Sinn eines negativen Schicksals liegt darin, dass es würdig getragen wird – aber es wird nur **getragen**, *wenn es akzeptiert wird. Der Sinn eines positiven Schicksals liegt darin, dass es geteilt wird – aber es wird nur* **geteilt**, *wenn es geschätzt wird.*

Einen Sinn zu erfüllen, ist selbst unter den schlechtesten Bedingungen möglich.

Nicht das Empfangene soll über uns bestimmen, sondern das zu Gebende soll uns leiten.

Nicht, ob man etwas verdient hat, sondern ob man sich selber ein persönliches Verdienst erwirbt, darauf kommt es im Leben an.

Im Wohlstand wandelt sich die Frage: „Was tue ich, um zu leben?" zur Frage: „Ich lebe, um was zu tun?"

Wir Menschen brauchen Sinn, brauchen ihn mehr noch als Brot.

Reichtum beinhaltet nicht die Fülle dessen, was wir sowieso hinter uns zurücklassen müssen. Wahrer Reichtum ist erfülltes Leben – in Hingabe und in vielen wunderbaren Wertbezügen. In Wertbezügen, die, wenn sie enden, betrauert werden müssen. In der Trauer spiegelt sich **unser Reichtum** *wider.*

Arm *ist derjenige, der nichts und niemals etwas zu betrauern hat. Er kann nichts verlieren, weil nichts da ist, wofür sein Herz schlägt. Er ist der Ärmste von uns allen.*

Wer für nichts da ist, für den ist nichts da – wer für nichts gut ist, für den ist nichts gut.

Es kommt nicht darauf an, dass das, was wir tun, für gut gehalten wird, sondern darauf, dass es gut **ist**.

Die Selbstachtung ist keineswegs abhängig davon, was die Mitwelt von einem hält, sondern steht und fällt damit, was man selber von sich hält.

Es ist erstaunlich: Sobald man hat, was man wollte, will man es viel weniger als bevor man es hatte.

Das Habenwollen ist die stärkste leidschaffende Kraft, die es gibt.

Das Böse ist nicht die automatische Reaktion auf erfahrenes Böses, und das Gute ist auch nicht die automatische Reaktion auf erfahrenes Gutes!

Echte Schuld kann man weder einreden noch ausreden.

Sinn kann nicht erfüllt werden über sinnwidriges Tun.

Der Fatalist macht sich dadurch schuldig, dass er sich an nichts schuldig fühlt.

Der Hass macht das Gehasste allgegenwärtig.

Dass wir etwas verstehen, gibt uns noch nicht die Kompetenz, es zu beurteilen, und dass wir etwas nichtverstehen, gibt uns noch nicht das Recht, es zu verurteilen.

Verzeihen setzt kein Vergessen voraus, sehr wohl aber könnte die Gnade des Vergessens die Gunst der Verzeihung voraussetzen.

Das Dank-Erhalten lässt man am besten im anspruchs- und absichtslosen Raum der Nebeneffekte des Guten.

Dankbarkeit impliziert das hellwache, klar präsente Wissen um einen oder mehrere Werte, die unser Leben und seine Qualität verschönt haben und nicht von uns selbst erzeugt worden sind.

Was wir uns angewöhnen, jenes gehäufte, nahezu unmerklich gewordene tägliche Einerlei im Umgang mit uns selbst und anderen, wird dareinst über unser geistiges Dagewesensein oder Gefehlthaben entscheiden.

Die Gegenwart ist kein Zeitraum, sondern ein „Verfügungsraum“: der einzige Augenblick, über den wir verfügen.

***Es knospet unter den Blättern – das nennt man Herbst** (Hilde Domin). Es knospet unter den grauen Haaren – das nennt man Alter.*

*Im Augenblick des Todes wird es irrelevant, ob ein Weg einst steil oder bequem, weich oder hart gewesen ist, aber **wo er hingeführt hat**, dort hat sich ein Mensch verewigt.*

Andere leiden auch! ... und keiner hat so scharfe Augen, das zu sehen, wie der, der selbst gelitten hat.

Zu möglichem Schicksal, das nicht gewählt werden kann, hat einzig das Gebet Zugang.

Psychotherapie ist kein Sinn-Ersatz. Sie ist eine Brücke zwischen Krankheit und Gesundheit, auf der nicht biwakiert, sondern die zügig überschritten werden soll.

Nicht die Krankheit sagt dem Menschen etwas, sondern der Mensch sagt etwas zur Krankheit.

Alles Gute, das ein Mensch irgendwann einmal irgendwo für irgendetwas oder irgendjemanden eingebracht hat, gibt ihm selber Halt und seinem Leben Inhalt.

In der Psychotherapie soll man Hilfe anbieten, aber Verantwortung nicht abnehmen.

Der „urtherapeutische Akt“ besteht sozusagen in der Koppelung von Sein und Sinn, und es gibt keine Krankenbehandlung und keine Unterstützung eines leidenden Menschen, die darauf verzichten könnte.

Wo jemand Pech gehabt hat, ist unübersehbar – wo jemand Glück gehabt hat, ist übersehbar.

Die Liebe liebt ein Du – und krönt ein Wir.

… denn „Himmel" ist, wenn das ***durch uns*** *Geschehene positiver ist als das uns Geschehene, und „Hölle" ist, wenn das* ***durch uns*** *Geschehene negativer ist als das* ***uns*** *Geschehene.*

Ich glaube, die Theologie sollte damit aufhören, den Menschen vorrangig in seinem Schuldig-Sein vor Gott zu sehen; und die Psychologie sollte damit aufhören, den Menschen hauptsächlich in seinem Unfrei-und Unmündig-Sein zu verstehen. Stattdessen würde es beide Disziplinen zieren, sich vor dem „mysterium caritatis" zu verneigen, an dem menschliche Existenz einen, wenn auch geringen, so doch essentiellen Anteil hat.

Ein Therapieschulenvergleich

Text von Elisabeth Lukas *

Nehmen wir an, ein Patient kommt unpünktlich zum vereinbarten Gesprächstermin. Wie reagieren die typischen Vertreter verschiedener psychotherapeutischer Richtungen darauf?

1) Der *Psychoanalytiker* wittert verdrängte familiäre Dissonanzen beim Patienten, die mittels Symptom auf ihn, den Psychoanalytiker, übertragen werden, weshalb er fragt: „Wen wollen Sie mit Ihrer Unpünktlichkeit wirklich strafen, Ihren Vater, Ihre Mutter?"
2) Der *Gesprächspsychotherapeut* zeigt alle Empathie, deren er fähig ist, enthält sich sorgfältig jeder Be- und Entwertung und fragt den Patienten mit neutraler Stimme: „Wie fühlen Sie sich eigentlich jetzt, nachdem Sie zu spät gekommen sind?"
3) Der *Verhaltenstherapeut* will Fehlverhalten abbauen und soziale Lernprozesse anleiern, indem er sagt: „Künftig werden Ihnen pro Unpünktlichkeit 10 Minuten Gesprächszeit abgezogen, und pro Pünktlichkeit 10 Minuten Gesprächszeit dazugeschenkt."
4) Der *Logotherapeut* steigt gemeinsam mit seinem Patienten in einen Dialog darüber ein, welchen Sinn es haben könnte, im Leben verlässlich und pünktlich zu sein, und in welchen Situationen – aus welchen selbstübersteigenden Gründen – dies besonders wichtig sein dürfte.

* aus „Wie Leben gelingen kann", Quell, Gütersloh, 4. Aufl. 2000, S. 133-135

Keiner greift dabei völlig daneben. Selbstverständlich wird der Patient Beziehungsmuster aus seiner Herkunftsfamilie unbemerkt in neue Beziehungen hineintragen. Er wird sensibel sein in Bezug auf fremde Wertungen, vor allem Abwertungen seines Verhaltens. Seine Lerngeschichte wird beweisen, dass wiederholt Fehlverhalten bei ihm verstärkt (oder angepasstes Verhalten bei ihm nicht ausreichend verstärkt) worden ist. Und wahrscheinlich wird er sich des Sinns einer nachträglichen Selbsterziehung zur Pünktlichkeit nicht allzu klar bewusst sein. Alle psychologischen Interpretationen des Störungsbildes werden in schillernder Mixtur mit der Palette seines Lebens korrespondieren.

Aber **eine** davon wird im aktuellen Therapiegespräch fruchtbar werden. Sie wird den Patienten am ehesten erreichen, ihn bewegen, ihn, wenn es sein muss, existentiell erschüttern und eine positive Entwicklung in ihm stimulieren. Welche wird es sein? Die Entlarvung einer unbewussten Negativtendenz in ihm? Die wohlmeinende Freistellung von seiner Verantwortlichkeit? Angedrohte Konsequenzen? Oder der eingesehene Sinn, der *für sich selber spricht?*

In der Logotherapie halten wir viel von letzterem. Warum? Vielleicht, weil der Sinn, wie wir ihn verstehen, *transsubjektiv* ist, über das Subjekt mitsamt dessen Erfahrungen, Empfindungen, Lerngeschichte, zu erwartenden Belohnungen und Bestrafungen hinausreicht, weil er in der Schöpfung draußen pulsiert, das Geschöpf einbindend in ein Gesetz, das höher steht als alle Gesetze. Nicht, dass wir ihn kennten, den Sinn. Doch in der Nachfolge des gesuchten – nicht gekannten – Sinns kommen wir dem Geheimnis gelingenden Lebens vermutlich näher als mit jedem Prinzipienkatalog von Menschenhand.

„Herr Professor, was denken Sie?“ Ein Interview mit Viktor E. Frankl

Text von Karl-Heinz Fleckenstein *

Die Vorbereitungen zu den Olympischen Sommerspielen 1972 in München liefen auf vollen Touren. Eine Woche vor der feierlichen Eröffnung wurde in der Kongresshalle des Deutschen Museums eine Tagung abgehalten: die wissenschaftliche Bedeutung des Sports sollte dabei tiefer ausgelotet werden. Neben anderen trat ein dynamischer älterer Herr mit etwas wirr sitzendem weißen Haar ans Rednerpult, der Wiener Professor für Neurologie und Psychiatrie Dr. med. ***Viktor E. Frankl.*** *Schon nach wenigen Sätzen war der Saal von seinen Ausführungen gepackt. Hier stand ein Mann, der lebt, was er sagt, und sagt, was er denkt, der kühn eine leistungsorientierte Konsumgesellschaft mit seiner Auffassung konfrontiert, dass „das Leben einen Sinn hat“, und dass gerade der Mensch als einziges Lebewesen das Vorrecht hat, nach diesem Sinn zu fragen.*

Einige Monate später saß ich Professor ***Frankl*** *in seiner Wiener Wohnung in der Mariannengasse persönlich gegenüber, einem menschlichen Dynamo, der mit 67 Jahren begann, das Fliegen zu lernen, und in seiner Freizeit passionierter Bergsteiger ist, einem Mann, der das Leben so sehr liebt, dass er fähig ist, dieses Gefühl weiterzugeben.*

---

* aus „Am Fenster der Welt. Karl-Heinz Fleckenstein im Gespräch mit ... “, Verlag Neue Stadt, München, 1975, vergriffen, Abdruck mit freundlicher Genehmigung des Verlages

Ich wollte eigentlich nicht so sehr den Professor und Gelehrten, sondern den Menschen **Viktor E. Frankl** *kennenlernen. Und ich muss sagen, meine Erwartungen wurden weit übertroffen. Hier saß jemand mit mir zwei Stunden zusammen und sprach darüber, wie sehr ihm das Herz bricht, wenn er Patienten vor sich hat, die in jahrelangen Psychotherapien nur noch neurotischer und verzweifelter als vorher geworden sind. Den Menschen* **Frankl** *erkannte ich im Gespräch daran, dass der fast 70jährige Mann durch seine Logotherapie und seine ganze Arbeit etwas anpeilt, das ihm trotz aller Müdigkeit und Überarbeitung Leben gibt. Dass er sich in diesem Moment nicht fragte, ob er spazierengehen, Kaffee trinken oder mit seinen Enkelkindern scherzen sollte, sondern sich ganz dem Jetzt hingab. Ich erlebte einen seltenen Menschen, der jede Begegnung und jede Situation für einmalig und einzigartig hält und dementsprechend handelt.*

Hier ein Ausschnitt aus meinem Interview mit ihm:

Interview mit Viktor E. Frankl

Herr Professor, in Ihrem Buch „Der Mensch auf der Suche nach Sinn" sprechen sie vom „Sinnlosigkeitsgefühl" des heutigen Menschen, von einem „existentiellen Vakuum". Liegt es vielleicht daran, dass der Mensch die Mitte seines Lebens verloren hat, dass er mit seiner Situations- und Zukunftsbewältigung nicht mehr zu Rande kommt, dass er vielfach zu einem Aggressions- und Instinktwesen degradiert wird?

Der Mensch ist ein Tier, aber zugleich ist er unendlich mehr als ein Tier. Er ragt in die humane Dimension hinein. Es verhält sich ähnlich wie mit einem Würfel: In der Ebene ist er ein

Quadrat; er ist aber zugleich eine ganze Dimension mehr. Nun ist die Sache die, dass gewisse aggressive Bereitschaften da sein mögen; aber sie sind in die menschliche Dimension überhöht. Als Mensch bin ich nicht aggressiv, sondern als Mensch bin ich etwas ganz anderes: ich hasse – oder ich liebe. Als Mensch bin ich nicht nur das Vehikel einer Sexualenergie, sondern als Mensch bin ich fähig zur Hingabe. Die Sexualität ist in deren Dienst gestellt und wird zum Ausdrucksphänomen für die Begegnung mit dem Partner. Also meine ich: man hasst; aber wenn man dem Menschen beizubringen versteht, dass kein Grund zum Hassen besteht, dann wird Hassen absurd.

Wenn Sie dagegen dem Menschen einreden, dass er „aggressive Potentiale“ hat, die er ausleben muss, dann erzeugen Sie in ihm den fatalistischen Wahn, Krieg, Hass und Gewalt seien schicksalsnotwendig. Aber nichts ist bloß Schicksal für den Menschen, weil er innerhalb seiner Dimension alles noch zu gestalten hat. Er ist keineswegs irgendwelchen Aggressionen ausgeliefert. Nur dann erst gibt er sich ihnen anheim, wenn man ihn ständig indoktriniert, er sei nicht Gestalter seines Lebens, sondern ein Opfer der gegebenen gesellschaftlichen oder biologischen Umstände. Der Mensch ist dazu da, sich zu überschreiten, sich zu vergessen, sich aus dem Auge zu verlieren, sich zu übersehen, indem er sich an eine Sache oder an einen Mitmenschen hingibt. Das meine ich mit Selbst-Transzendenz. Erst darin wird er wirklich Mensch.

Es ist ähnlich wie mit unserem Auge. Das Sehvermögen, die Umwelt optisch wahrzunehmen, basiert komischerweise unabdingbar darauf, dass das Auge nicht sich selbst sieht, oder etwas von sich selbst. Wenn es an einem grauen Star erkrankt ist, dann sieht es einen Nebel, nämlich seine eigene Linsentrübung – oder wenn es an einem grünen Star erkrankt ist, dann sieht es rings um die Lichtquellen einen Hof von Regenbogenfarben. Je mehr das Auge sich selbst übersieht, um so gesünder funktioniert es. So auch der Mensch. Wann ist ein Kind ganz es selbst? Wenn es sich vergisst, hingegeben ist bei einem Spiel. Dann photographieren Sie es! Aber nicht, wenn es kokettiert: wird er jetzt schon knipsen, was für einen Eindruck werde ich machen?

Wie aber soll man dem Menschen beibringen, dass er zum Lieben geboren ist?

Saint-Exupérie hat einmal gesagt: „Lieben heißt nicht einander in die Augen gaffen, sondern gemeinsam in eine Richtung schauen." Also wenn wir den Leuten sagen würden: „Liebt euch, seid nett zueinander", so wäre das der größte Blödsinn, den wir begehen könnten; es wäre ein Vermoralisieren des Problems. Aber wenn die Menschen gemeinsam die sie konfrontierenden Aufgaben in Angriff nehmen, dann werden sie auf einmal kooperativ, und das nicht auf Kommando hin. Ich kann niemandem befehlen: liebe! Dann kommt ihm schon die Galle hoch. Ich muß ihm liebenswert erscheinen, dann wird er auch lieben.

Genauso wenig kann ich von jemandem Glauben erzwingen. Da liegt nach meiner Meinung ein großer Fehler, den die Konfessionen immer noch begehen. Man sagt: „Du mußt glauben! Wenn du nicht glaubst, bist du verdammt." Das ist das Ärgste, was man, psychologisch gesehen, jemandem antun kann. Statt dass ich den Herrgott glaubwürdig hinstelle, erreiche ich das Gegenteil. Da ist ein komischer alter Herr, der

Wert darauf legt, dass ausgerechnet ich an ihn glaube; und wenn nicht, ist er böse, und ich werde verdammt. Damit tut man dem Gottesbild das Ärgste an in den Augen eines Menschen – sagen wir eines Kindes –: wenn man Gott so als Pedanten hinstellt. Er will, dass ich glauben soll? Na bitte, also glaube ich, wenn ich ihm damit einen Gefallen tun kann ... Aber das kann doch kein echter Glaube sein, weil die Intentionalität außer acht gelassen wurde.

Ich pflege das folgendermaßen zu erläutern: Sage ich Ihnen: „Lachen Sie!“, so werden Sie ein gekünsteltes Lachen herausbringen. Erzähle ich Ihnen aber einen Witz, dann haben Sie einen Grund zum Lachen. Kürzlich hat mir eine bekannte Psychologin geschrieben, sie habe es aufgegeben, „transzendental zu meditieren“; denn jedes Mal, wenn sie sich hinsetzte und sich selbst kommandierte zu meditieren, gelang es ihr nicht. Jetzt aber, seit sie nicht mehr daran denkt, meditiert sie „eine ganze Menge“. Man ist in dem Maße geistig, in dem man sich nicht selbst bespiegelt, sondern über sich selbst hinauskommt, auf ein Du hin. Mensch sein heißt, „intentional“ gerichtet sein auf Sinn und auf mitmenschlich Seiendes. In dem Augenblick, da ich es aber reflektiere, gerinnt es. Subjekt sein heißt, auf Objekte gerichtet sein. In dem Moment, da ich etwas Subjektives intendiere, objektiviere ich es. Und in dem gleichen Maße verliere ich das eigene Objekt aus dem Blick dieses Subjektiven. Man kann also gewisse Dinge nicht intendieren, weil sie selber intentional sind.

Es geht Ihnen in Ihren Büchern um eine rehumanisierte Psychotherapie?

So etwas würde ich mir nicht anmaßen; aber die einzelnen Menschen – die sind mir ein Anliegen! Es bricht einem das Herz, zu sehen, wie Menschen, die ohnehin schon Neurotiker sind, durch eine Fehlbehandlung – die zum größten Teil auf einer Fehleinschätzung des Menschlichen im Menschen beruht, also auf einem verzerrten Menschenbild – noch zusätzlich geschädigt werden. Wenn Sie solche Leute vor sich sitzen haben, dann werden Sie nicht müde, zu einer Korrektur beizutragen. Wenn man sieht, wie die Leute, sobald sie die Illustrierten aufschlagen, sobald sie den Fernsehapparat aufdrehen, en masse iatrogen geschädigt werden, wie man ihnen etwas einredet, was nicht nur nicht stimmt, sondern was sie gerade noch gebraucht haben, um womöglich Selbstmord zu begehen ... Statt ihnen das viele Positive, das ja auch da ist, zu vermitteln ...

Irgend etwas scheint also heute in der Menschheit nicht zu funktionieren ...

Es ist genau so wie in der Erziehung. Die Erziehung müßte den Sinnfindungsprozeß im jungen Menschen ankurbeln. Die Erziehung kann nicht Sinn geben – Sinn kann überhaupt nicht gegeben werden, weil Sinn gefunden werden muß; wir können keinen Sinn „verschreiben“. Aber es geht auch gar nicht darum; es wäre ja schon gut, wenn wir es aufgäben, den Sinnfindungsprozeß zu blockieren! Der Psychiater hat ja z.B. nicht die Aufgabe, sagen wir, den Menschen wieder glaubensfähig zu machen, auf die Religion hinzulenken. Aber es wäre schon genug, wenn die Psychiater aufhörten zu predigen, dass Gott nichts anderes als eine Vaterimago sei und die Religion nichts anderes als eine kollektive Zwangsneurose der Menschheit. Es wäre schon gut, wenn die Pädagogen aufhörten, ein Menschenbild zu vertreten, das die normale Sinnausrichtung junger Menschen, ihren ganzen Enthusiasmus unterhöhlt und erodiert.

Wenn ich indoktriniert werde, sei es als Patient auf einer psychoanalytischen Couch, sei es als Student auf akademischem Boden, wenn ich indoktriniert werde im Pandeterminismus: der Mensch ist nichts anderes als das Produkt von Erbe und Umwelt oder von konditionierenden Prozessen – ja, dann habe ich doch recht, wenn ich sage: Da bin ich also nicht frei, also auch nicht verantwortlich; warum soll ich nicht kriminelle Akte begehen? Wenn ich den Leuten einrede, der Mensch ist nichts anderes als ein „nackter Affe“, wenn ich den Leuten einrede, der Mensch ist nichts als ein Computer, wenn ich den Leuten einrede, der Mensch ist ein Spielball von Trieben oder das Produkt von Produktionsverhältnissen, oder das Ergebnis von Lernprozessen – ja, dann erwürge ich ja seine originäre Sinnausrichtung.

Auf diese Weise wird der normale Enthusiasmus und Altruismus der jungen Leute – der sie hinaustreibt in die Dritte Welt, um gegen den Hunger zu arbeiten – systematisch untergraben! Wie wollen Sie von der UNESCO aus irgendetwas tun, wenn Sie ein um 30 Jahre veraltetes psychologisches Menschenbild verzapfen? Sie tun ja nur noch das Wenige unterminieren, was noch an Substanz da ist. Dabei ist es gar kein Idealismus, wenn ich sage: Der Mensch ist primär von einem „Willen zum Sinn“ beseelt. Das kann man statistisch nachweisen! In einer Statistik waren es 8000 Studenten an 50 Universitäten in Amerika, die perlustriert worden sind; dabei kam heraus, dass 78 Prozent als oberstes Ziel hatten, ihrem Leben einen Sinn abzugewinnen.

Das ist die große Gefahr: betrachte ich einen Menschen von vornherein als ein armes Würstchen – als wäre „sein Ich nicht Herr in seinem eigenen Haus" (Freud), oder als wäre er nichts als ein Spielball „jenseits von Freiheit und Würde" (Skinner) –, dann mache ich ihn schlechter, als er schon ist; ich korrumpiere ihn! Wenn ich dem Kriminellen nicht sage: „Du bist frei, du bist verantwortlich" – sondern: „Du bist das Produkt deiner familiären oder ökonomischen Verhältnisse", dann mache ich ihn schlechter. Nehme ich ihn dagegen so, wie er sein soll, schließe ich ein in mein Bild von ihm den „Willen zum Sinn", dann mache ich ihn zu dem, was er werden kann – dann mobilisiere ich sein menschliches Potential!

Da fällt mir ein Wort ein, das Sie selbst einmal gesagt haben: Indem der Mensch „die Grenzen seiner eigenen Möglichkeiten auszukundschaften versucht, schiebt er sie mit jedem Schritt, den er auf diese Grenzen zugeht, vor sich hin, wie den Horizont". Also müssen wir das Unmögliche anstreben, um das Mögliche zu erreichen, oder wie Ernst Bloch sagte: „Wer das Ziel erreichen will, muß über das Ziel hinausschießen!"

Ja, richtig.

Aber was ist das Ziel – der Lebenssinn des Menschen? Ich möchte diese Frage nicht so sehr dem Professor und Gelehrten, sondern dem Menschen Viktor **Frankl** *vorlegen.*

Sie wollen den Menschen *Frankl* kennenlernen? Das sind Dinge, die nur gelebt werden können! Bei dieser Begegnung mit Ihnen – da frage ich mich nicht, wer ich bin, da denke ich nicht an mich, da reflektiere ich nicht. Denn jenes große Wort von Jaspers ist ja uneinholbar: „Was der Mensch ist, das wird er durch die Sache, die er zu der seinen macht." Tun Sie aber Ihre Sache hier und jetzt, dann möchte ich mit Goethe sagen: „Wie lernt der Mensch sich kennen? Durch Betrachten niemals, sondern nur durch Tun. Tue deine Pflicht, und du weißt, was an dir ist. Was aber ist deine Pflicht? Die Forderung der Stunde."

Ich weiß nicht, wer ich bin, ich weiß nicht, was ich bin, was an mir ist. Aber eines weiß ich: Wenn etwas an mir ist, so muß es zutage treten dadurch, dass ich es für „die Forderung der Stunde" erachte, das zu sagen, was ich für wahr halte. Da fällt mir das schöne Wort von Hillel ein, einem der beiden Begründer des Talmud: „Wenn nicht ich – wer denn? Wenn nicht jetzt – wann denn? Aber wenn nur für mich – was bin ich?" Das heißt: Wenn nicht ich die Aufgabe, „die Forderung der Stunde" erfülle – wer denn soll sie erfüllen? Kein anderer kann sie erfüllen! Und wenn nicht jetzt, wenn nicht in dieser Stunde – wann denn soll ich sie erfüllen?

Die Sinnmöglichkeit, nicht wahr?

Das ist die Einzigartigkeit meiner Person, involviert und engagiert in die Einmaligkeit der Situation, der ich begegne, in der ich stehe. Das macht diese doppelte Verantwortung des Menschen aus – dafür, was er tut, hier und jetzt, dafür, was er wird, im nächsten Moment. Dann sagt Hillel aber: „Wenn nur für mich – was bin ich?" Wenn ich es nur aus Prestige oder des Geltungsstrebens wegen tue, oder um des Lustprinzips willen – was bin ich? Nicht vollends Mensch; denn Mensch bin ich ja in dem Maße, als ich mich vergesse und mich aus den Augen verliere, mich übersehe. Deshalb widerstrebt mir zutiefst jedes Reflektieren über mich selbst.

Widerstrebt Ihnen auch ein Reflektieren über Ihren Glauben?

Warum weiche ich auf die Frage aus: Was ist Ihr Glaube? Weil die Antwort in dem Moment gerinnt, in dem ich sie ausspreche. Es gibt auch ein religiöses Schamgefühl! Wenn ich etwas zu reden hätte, würde ich verbieten, dass man in den Illustrierten, in den Filmen oder im Fernsehen zur Schau stellt: liebende Menschen, sterbende Menschen und betende Menschen. Diese drei Dinge gehören unter den Schutz der absoluten Intimität gestellt. Denn sie werden in dem Augenblick verfälscht, wo sie beschaut werden. Ich kann nicht als Betender ganz Gott hingegeben sein, wenn ein Scheinwerferlicht auf mich fällt und ich weiß, das wird alles gefilmt. In dem Moment wird der Akt objektiviert – und verliert sein eigenes Objekt, seine Intentionalität; denn das Gebet ist ein Aufglühenlassen der Personalität beziehungsweise der Oberpersonalität dessen, zu dem ich bete.

Von Gott kann man meiner Ansicht nach per „er" gar nicht sprechen, sondern nur zu ihm sprechen als „du". Das aber gerinnt in dem Moment, wo es objektiviert wird. Sie können nicht unbefangen lieben, wenn Voyeure Sie umstehen – die Televisionsvoyeure. Es verkrampft sich etwas in mir, wenn ich in den Illustrierten jemand sehe, bevor er gehängt wird, – es ist eine Qual für mich: ich bin beim Frühstück und schaue in die Augen, die wissen, dass sie in zwei Stunden nicht mehr existieren werden – grässlich.

Ich empfinde es als eine Verobjektivierung des Glaubensaktes: sobald er deklariert wird! Indirekt, implizit muss das durchleuchten, woran ich glaube, oder es ist nicht echt. Wenn es reflektiert wird oder wenn es publiziert wird, – in dem Augenblick gerinnt es und ist auch schon verfälscht. Nicht dass es nicht legitim ist, wenn Sie solche Fragen stellen; aber es ist auch legitim, wenn ich solchen Fragen – ausweiche.

Als man mich in einem Interview in Kalifornien fragte, ob ich religiös sei, habe ich einmal improvisierend geantwortet: Ich weiß es nicht; eines weiß ich positiv: dass ich einen unerhörten Respekt vor der echten Religiosität ehrlicher Menschen habe. Deshalb tut mir alles weh, was die Religion in den Dreck zieht, wie das so modisch ist. Ich denke an die alten geistlichen Schwestern, die ihr ganzes Leben lang nichts als gebetet, geopfert, aus Krankenzimmern stinkende Leibschüsseln hinaus getragen haben und, obwohl sie keinen Dank dafür erhielten, in ihrer Selbsttranszendenz die heitersten Wesen der Welt waren – was für eine Dokumentation ihrer Menschlichkeit!

Also: ich stehe ein dafür, dass dieser Respekt echt ist; aber wie sehr meine Religiosität Religiosität ist, überhaupt, und wenn, wie echt sie ist: das interessiert mich nicht.

Als Sie vorhin sagten, daß es heute vor allem darum gehe, in der Bereitschaft für eine Sache, für Menschen, sein Leben einzusetzen, da fiel mir ein Wort von Jesus ein: „Niemand hat eine größere Liebe als der, der sein Leben gibt für seine Freunde.“ Wie stehen Sie zu dem, der diese Worte ausgesprochen hat – was bedeutet dieser Jesus für Sie?

Was immer ich dazu sage, wird in Ihren Ohren blasphemisch klingen – wenn ich sage: ein höchst respektabler Rabbi seiner Zeit; einer der ersten existentiellen Denker innerhalb der Glaubenswelt; ein Mensch, der wahrscheinlich gar keine Wunder wirken wollte ... Dass er aber der Welt eine Religion gegeben hat, die sich im Lauf von Jahrtausenden dermaßen durchgesetzt hat, das ist das Wunder. Leo Baeck, der berühmte Rabbiner, den ich im Konzentrationslager Theresienstadt kennengelernt habe, hat einmal von den vielen verfälschenden Schichten geschrieben, die über dem Neuen Testament gewachsen sind und sich sedimentiert haben. Damals habe ich mir gedacht: Wenn es dem Herrgott einfällt, dann verkündet er seine Offenbarungen auch gerade durch Verfälschungen hindurch! So sehe ich das. Aber das alles ist dilettantisch ausgedrückt, aphoristisch, ein mosaikhaftes Stückwerk; es sind nur Einfälle, die ich improvisiere – als eine Geste Ihnen gegenüber, daß ich Ihre Frage zu würdigen weiß, wenn Ihnen auch die Antwort würdelos erscheinen mag.

Liest man Ihre Werke, so hat man den Eindruck, daß Ihre Gedankengänge dem Geist des Neuen Testaments sehr nahe stehen.

Mit dem Problem der Sinngebung des Leidens oder der Sinnfindung im Leiden bzw. trotz Leiden habe ich mich ein ganzes Leben lang abgerackert, und es ist kein Wunder, daß mir die christliche Religion sehr viel besagt, weil sie wie keine andere – wenn ich vom Buddhismus absehe – den positiven Wert des Leidens sieht. Wenn ich auch persönlich da nicht mitziehen kann, wo Sie mir einwenden werden, daß eben das Leiden für den Menschen sinnvoll geworden ist seit dem Kreuzestod des Herrn; denn in dem Moment, wo Sie dann nicht an Jesus Christus glauben – in dem Moment wäre dann das Leiden sinnlos! Also, so weit kann ich nicht mittun. Schauen Sie, Scheler hat von der Orientierung nach dem Leuchtturm gesprochen: Der Steuermann, der den Hafen verläßt, blickt zurück auf den Leuchtturm, um sich zu orientieren, aber er fährt nicht auf ihn zu. So muß man mit den tradierten Philosophen immer wieder zurückblicken. Wenn ich zum Beispiel höre: das findet sich bei Thomas von Aquin, es wundert mich nicht. Ich meine, es wäre doch gelacht, wenn eine Religion, die seit 2000 Jahren mit den besten Köpfen des Abendlandes an einer Verfeinerung des Menschenbildes arbeitet, nicht ein Menschenbild hervorgebracht hätte, das in vieler Hinsicht noch unüberholt ist.

Deshalb kann ich auch zu großen Teilen die Anthropologie des Christentums glatt unterschreiben – auch wenn ich nicht ein Jota von seiner Theologie zu unterschreiben vermöchte. Ich meine, es ist kein Wunder, daß ich immer wieder auf solche Dinge stoße. Mich freut es, und ich denke mir: Das kann also nicht gar so blöd gewesen sein, was ich da gefunden und behauptet habe, wenn sich parallele Stellen bei Thomas finden lassen. Auch wenn ich dort nicht belesen bin, so bin ich ja unbeeinflußt – und das ist das Wesentliche! Nur wenn ich nicht im Dienst einer Religion forsche, wenn ich nicht von einer mir vorgeschriebenen Marschroute ausgehe, haben meine Forschungsergebnisse eine Bedeutung für die Religion. Was der *Frankl* zu sagen hat, ist interessant für eine Theologie nur, wenn Herr *Frankl* nicht von der Theologie her startet. Für Sie soll Herr *Frankl* ein jüdischer Nervenarzt aus Wien sein, dessen Theorien in Auschwitz und Dachau getestet worden sind und später auch von lerntheoretisch und verhaltenstherapeutisch orientierten Experimentatoren in aller Welt.

Karl Rahner sprach einmal vom anonymen Christen ...

Solche wären ja die richtigen Christen, möchte ich sagen. Ein Christentum, das diese „unsichtbare Kirche" repräsentiert, wäre ja wahrscheinlich Christentum „at its best" – weil es existentiell ist, weil es nichts davon hat! Deshalb glaube ich, würde man richtig liegen, wenn man einer unsichtbaren Gemeinschaft angehört, bei der man nichts im Knopfloch hat, kein Parteibüchl in der Sakkotasche.

Darf ich weiterspinnen und sagen: Herr **Frankl**, *Sie gehören nicht nur zu uns – wir gehören auch zu Ihnen!*

Soll mir nur recht sein. Eine ontologisierte Moral und eine existentialisierte Religiosität – das sind die zwei „Ausreißer", wo der Moral und auch der Religion heute noch zu helfen ist: durch eine Ontologisierung der einen und eine Existentialisierung der anderen!

Das haben Sie ja auch in Ihrem Buch „Der Mensch auf der Suche nach Sinn" anklingen lassen, wo Sie da sagten, daß wir „auf eine personale Religiosität zugehen – eine Religiosität, aus der heraus jeder zu seiner persönlichen, zu seiner eigenen, seiner ureigensten Sprache finden wird, wenn er sich an Gott wendet". Was ist mit Gott gemeint?

Es geht um Religion, und der religiöse Mensch wendet sich, wenn er religiös spricht, an Gott. An wen sonst sollte er sich wenden? Ich persönlich bin in letzter Zeit zu einer operationalen Definition Gottes vorgestoßen. Kennen Sie operationale Definitionen? Zum Beispiel begegnet uns so etwas bei der Messung von Intelligenzquotienten: Intelligenz ist das, was durch diesen Test gemessen wird. Sie können ja nicht sagen, was Intelligenz ist – das ist ungeheuer schwer. Sie müssen sich darauf einigen: das, was jetzt mit einem „Hand und Fuß habenden" Test gemessen wird. Das ist eine operationale Definition. Jetzt auf Gott bezogen: Ich war 15 Jahre alt, als ich innerlich definierte: Gott ist der Partner unserer intimsten Selbstgespräche. Sind diese Selbstgespräche wirklich Selbstgespräche oder eigentlich Zwiegespräche mit einem anderen, mit dem „ganz anderen"? Die Frage bleibt offen!

Diesen Gedankengang habe ich vor ein paar Monaten erweitert zu einer operationalen Definition: Bin ich ein religiöser Mensch, dann wende ich mich in meinen intimsten Selbstgesprächen an Gott; betrachte ich mich als Atheisten, nennen die Leute mich einen Agnostiker, dann ist es mein Selbst, zu dem ich spreche.

Wenn ich mich in die Zeit der Konzentrationslager zurückversetze und sehe, wie die Leute niedergeboxt wurden, hilflos, schuldlos, und ich mir innerlich so gedacht habe: „Da schau dir an, was die treiben! Schau dir an, was Menschen können! Schau dir das an ..." – ja, habe ich da mit mir gesprochen oder habe ich mit Gott gesprochen? Kein Mensch belauscht mich, ganz ehrlich empört sich etwas, sträubt sich etwas in mir: „Wie ist das möglich?" Ich bin verzweifelt; ich schreie innerlich auf – zu wem schreie ich auf, zu mir, zu Herrn *Frankl*, zu meinem Selbst? Oder ist dieses Selbst immer schon Gott gewesen, ohne daß ich es geahnt habe? Vielleicht habe ich damals gesagt: „Hast du das gesehen, Herrgott?" Das weiß ich nicht; aber ob Sie das jetzt Gott nennen oder nicht, ist eine sekundäre Frage! Operational ist er definiert: das oder der, zu dem Sie sprechen, an den Sie sich adressieren, an den Sie sich wenden, wenn Sie ganz, ganz einsam, und ganz allein mit sich selbst sind (scheinbar oder anscheinend allein mit sich selbst – das sind schon sekundäre Exegesefragen!) – wie immer dem sei, einigen wir uns darauf: es ist legitim, „das oder den" – Gott zu nennen.

Aber wer kann sagen, er „glaubt"? Ich glaube nicht, es sagen zu können, daß ich glaube! Aber zu diesem Erlebnis der relativen Bedeutungslosigkeit des „Bekenntnisses" zu Gott können Sie nur vorstoßen, wenn Sie einmal ganz Mensch gewesen sind. Vielleicht musste darum auch Ihr Gott zunächst einmal ganz Mensch geworden sein... Ich schwöre es Ihnen, ich habe es in Erinnerung: ich weiß, wo der SS-Aufseher gestanden ist, vor welcher Baracke ... Und tief in meinem Inneren habe ich mir da so gedacht – ich weiß nicht mit welchen Worten:

„Hast du das gesehen, Gott, na, schau dir das an!" Dieses hilflose Aufblicken ... Da gibt es in Berlin eine Pastoralpsychologin Lilly Zarncke, die einiges über Logotherapie publiziert hat. Was sie in ihrer Kritik von Herrn *Frankl* sagte, damit hat sie mir sehr viel gegeben, weil ich das nirgends so schön herausgearbeitet gefunden habe. Sie spricht u. a. vom Sinn des Leidens nach Herrn *Frankl*: „*Frankl* erkennt die Entwicklung, die sich in jenen Menschen vollzieht, die mit ihrem Willen zum Sinn auch das Leiden durchdringen. *Frankl* würdigt das Dulden im Sinne des rechten, aufrechten Leidens echten

Schicksals – das ist die höchste Leistung, die dem Menschen verstattet ist", zitiert sie da. „Er sieht dabei die bejahende Einstellung dessen, der in Entsagung tapfer und geduldig trägt, was ihm auferlegt ist. Er erkennt die Entwicklung, die sich im Menschen vollzieht." Und jetzt schießt sie los, jetzt greift sie mich an: „Vor dem Hintergrund dieser heroisch anmutenden Schau", – also von Herrn *Frankl* – „die eindrucksvoll den Geist des Alten Testaments bekundet", – ich weiß nicht wie, aber bitte – „läßt sich nun erst recht die Bedeutung erfassen, die das Leiden für die Entwicklung des christlichen Menschen hat." Jetzt kommt's: „Das Reifen", von dem ich spreche („das Leiden läßt uns reifen, läßt uns wachsen, reichert uns an" usw.), – „das Reifen", sagt Zarncke, „besteht hier nicht darin, daß der Mensch heldisch wird im Tragen. Er ist möglicherweise, wie die Erfahrung zeigt, überhaupt nicht ‚aufrecht', sondern kläglich, zerbrochen, wie ein Wurm, der sich auf der Erde windet. Trotzdem aber kann er seinem Ziel näher kommen. Selbst in der äußersten Entmachtung und Entwürdigung hat er immer noch die Möglichkeit, sich in der Nachfolge Christi zu wissen."

Sehen Sie, das ist das, wo ich natürlich nicht mitkomme; aber es ist für mich erschütternd, wo da die Grenzen sind von Herrn *Frankl*: gar nicht tapfer, gar nicht würdevoll, „wie ein Wurm", schreibt sie! Und „er kann ihm", also Christus, „sogar näher kommen" – schalten wir jetzt Christus aus, heuristisch: Er kann der letzten Menschlichkeit, könnte ich übersetzen oder einsetzen (willkürlich, in Ihren Augen), „näher kommen als in den Tagen der Gesundheit, je mehr er in seinem erbärmlichen Leidenszustand Stolz und Selbstgerechtigkeit hinter sich läßt." Das hat mir imponiert, das habe ich ihr abgekauft; sie hat recht! Und das habe ich im Konzentrationslager so empfunden – wenn ich daran denke, wie meine Mutter ungefähr 13 Minuten mit dem Tod ringen mußte, bis sie vollends erstickt war mit 999 anderen, die pro Gaskammerladung hineingekommen waren... Ich weiß es von einem, der das Zyklon *B* in die Gaskammer hineingehaut hat. Meine Mutter, dieser herzensfrömmste Mensch, den ich je in meinem Leben gekannt habe, – daß er so enden mußte... Und dieses absolut machtlose, hilflose Aufblicken: „Warum das?" Und vielleicht noch im letzten Moment einen ihrer möglichen Gedanken beim Zipfel packend: „Vielleicht erspart das meinem Viktor den Tod." Diese Hilflosigkeit. Wie können Sie in einem Konzentrationslager ein Held sein, wenn Sie in einer Gaskammer ersticken – möchten Sie mir das sagen?

Aber dieses letzte Aufblicken im Sichaufgeben, in Ergebenheit – jetzt nicht: *wem* Sie sich ergeben – dem Herrn Christus oder dem Herrn Jesus oder dem Herrn Jehova oder einfach schlucken und die Mundwinkel resigniert verziehen: wie immer dem sei – da sind Sie auf dem absoluten Nullpunkt, am Boden aller Menschlichkeit angelangt. Dort ist der Mensch hundertprozentig Mensch geworden, gerade in seiner Hilflosigkeit und Machtlosigkeit, in seiner Entsagung, in seiner Jämmerlichkeit, in seinem Wurmsein ist er Mensch geworden! Je „wurmer" er ist, um so menschlicher ist er. Verstehen Sie, was ich meine – ich improvisiere, ich ringe selbst um Ausdruck. Das verdanke ich der Zarncke: daß ich sehe, wo die Grenzen sind! Aber ich führe bis an die Grenzen wenigstens heran – ich bemühe mich, ich versuche es.

Ich glaube, da gibt es keine Grenzen mehr; denn dieses Wurmerlebnis hat ja auch der, den Sie vorher als meinen Gott bezeichneten, in seinem fürchterlichen Schrei am Kreuz erfahren, wo er das Menschsein bis in seine letzten Tiefen ausgekostet hat.

„Warum hast du mich verlassen", nicht wahr?

Da hat er sein Menschsein realisiert.

Man könnte sagen, in diesem Augenblick ist er vollends Mensch geworden, und so sehr Mensch geworden, daß er seine Gottheit bestätigt hat. Also, wo man sagen könnte: so hundertprozentig, so tausend-promillig Mensch, daß es legitim ist, ihn als Gott zu bezeichnen – was immer Sie Gott nennen...

Herr Professor, ich danke Ihnen für dieses Interview.

Ehrungen von Viktor E. Frankl

Ehrungen von Viktor E. Frankl

(zusammengestellt in Kooperation mit Alexander Batthyány)

Viktor E. Frankl war Professor für Neurologie und Psychiatrie an der Universität Wien, hatte aber auch Professuren in Nordamerika inne und zwar an der Harvard University sowie an Universitäten in Dallas und Pittsburgh. Die U. S. International University in Kalifornien richtete eigens für ihn eine Professur für Logotherapie ein. Daneben wurde *Viktor E. Frankl* von mehr als 230 Universitäten in allen fünf Erdteilen zu Gastvorlesungen eingeladen. Zwischen 1970 und 1997 (seinem Todesjahr) wurden ihm in Honorierung seines wissenschaftlichen Werkes im In- und Ausland insgesamt 29 Ehrendoktorate verliehen.

Sein therapeutischer Ansatz und sein philosophisch-anthropologisches Konzept ragen so wohltuend aus dem heute überladenen „Psychomarkt" hervor, dass die Resonanz in der Fachwelt sowie das Interesse der Laien ständig im Steigen begriffen sind. Dadurch ist es nicht mehr möglich, eine komplette Übersicht über das weltweite Echo seines Werkes zusammenzustellen. Die folgenden Eckdaten und Informationen sind daher als das Bemühen zu verstehen, seine Schaffenskraft und die Ausstrahlung seines Vermächtnisses in Blitzlichtern zu beleuchten.

a) Veröffentlichungen und Vorträge:

Frankls 39 Bücher sind in 40 Sprachen erschienen. Seine Bibliographie listet darüber hinaus rund 400 Buchkapitel, Zeitschriftenartikel und Interviews auf. Wissenschaftliche Gesamteditionen von *Frankl* (angelegt auf 14 Bände) erscheinen derzeit in Japan, den USA und auf deutsch. Allein von *Frankls* Buch „Man's Search for Meaning" sind bisher ca. 12 Millionen Exemplare verkauft worden. Laut „Library of Congress" (Washington) ist dieses Buch „one of the ten most influential books in America".

Die Leserinnen und Leser der auflagenstärksten japanischen Tageszeitung „Yomiuri Shimbun", Tokyo, wählten dasselbe Buch als „one of the ten books to be passed to the twenty-first century". Aufgrund der überwältigenden Nachfrage erschien über Wochen hinweg nach der Katastrophe von Fukushima in der genannten Tageszeitung eine regelmäßige Kolumne mit Texten von *Viktor E. Frankl.* Auch das japanische Hauptfernsehen NHK widmete im Zuge der Katastrophe zwei Hauptabendprogramme der Logotherapie.

Die Sekundärliteratur zur *Frankls* Logotherapie ist mittlerweile zu stark angewachsen, um eine vollständige Registrierung zu erlauben. Einer Schätzung aus dem Jahr 2011 zufolge sind an die 300 Bücher in 20 Sprachen und ähnlich viele Dissertationen zu logotherapeutischen Themen erschienen. Auch hat die wissenschaftliche Forschung zur Logotherapie zugenommen. Seit 1975 sind rund 760 logotherapiebezogene empirische Arbeiten in psychologischen und psychiatrischen Fachzeitschriften veröffentlicht worden.

b) Ehrungen und Auszeichnungen von Viktor E. Frankl

Frankl wurde in die „Kurie des Ehrenzeichens für Wissenschaft und Kunst“ (den höchsten Orden, den Österreich an Wissenschaftler zu vergeben hat und der auf je 18 österreichische und ausländische Träger beschränkt bleibt) aufgenommen. Er war Ehrenmitglied der „Österreichischen Akademie der Wissenschaften“ und Ehrenbürger der Stadt Wien. Übrigens auch Ehrenbürger der Hauptstadt von Texas.

An Preisen erhielt er (als erster nicht-amerikanischer Psychiater) den Oskar Pfister-Preis der „American Psychiatric Association“, den John F. Kennedy-Stern, die Theodor Billroth-Medaille, die Albert Schweitzer-Medaille, den Kardinal Innitzer-Preis, den Preis der Stadt Wien für Naturwissenschaften, den Ehrenring der Stadt Wien, das Große Verdienstkreuz mit Stern des Verdienstordens der Bundesrepublik Deutschland, den Lifetime Achievement Award, das Großer Goldene Ehrenzeichen mit dem Stern für Verdienste um die Republik Österreich, den Ehrenpreis des Österreichischen Buchhandels für Toleranz in Denken und Handeln, das Große Ehrenzeichen der Österreichischen Ärztekammer, den Maryland Psychological Association Outstanding Lifetime Contribution to Psychology Award, die Medicus Magnus-Medaille und den Internationalen Goldenen Stern für Verdienste um die Menschheit der Polnischen Medizinischen Akademie.

c) Besonderheiten, die mit Frankls Leben verbunden sind:

Frankl war Inhaber des Solo Flight Certificates und des „Führer"-Abzeichens des Alpenvereins Donauland. Auf der Rax, seinem Lieblingskletterberg, gibt es drei schwierige Klettersteige, die nach ihm benannt sind.

An der Universität von Kalifornien in Berkeley befindet sich eine „Frankl Library and Memorabilia" und an der Universität von Caracas, Venezuela, eine „Viktor Frankl-Lehrkanzel für Medizinische Anthropologie". Die Pädagogische Hochschule Kärnten trägt den Namen „Viktor Frankl-Hochschule".

In Frankfurt/Main wurde eine Schule für Körperbehinderte „Viktor-Frankl-Schule benannt", und auch in Aachen hat die Rheinische Förderschule den Namen „Viktor Frankl-Schule" angenommen. In der Nähe von Hamburg in Mölln wurde eine sozialpsychiatrische Institution unter dem Namen „Viktor Frankl-Häuser" errichtet.

Am Geburtshaus von Viktor E. Frankl in der Czerningasse 6 in Wien existiert eine seinerzeit vom Wissenschaftsminister Prof. Tuppy enthüllte Gedenktafel. Am langjährigen Wohnort Frankls in der Mariannengasse 1 in Wien ist ebenfalls eine Gedenktafel angebracht.

Dort befinden sich auch das Viktor-Frankl-Zentrum, das neben Schülerworkshops, Vorträgen und Filmdokumentationen eine profunde Ausbildung in Logotherapie anbietet, und das Viktor-Frankl-Museum, das auf unvergleichliche Weise zur gedanklichen Auseinandersetzung mit Frankls Lebenswerk einlädt.

Auf dem Wiener Universitätscampus AKH gibt es einen Viktor Frankl-Weg, im 9. Bezirk in Wien einen Viktor Frankl-

Park, im 2. Bezirk in Wien einen Viktor Frankl-Hof, in Reichenau an der Rax/Niederösterreich eine Dr. Viktor Frankl-Gasse, in Klagenfurt/Kärnten eine Viktor Frankl-Gasse, in Türkheim/Bayern und in Kaufering/Bayern je einen Viktor Frankl-Weg.

Mittlerweile ist ein weltumspannendes Netz von Logotherapie-Gesellschaften und Zentren entstanden (mit Stand 2012 sind es über 90 Institute in allen Kontinenten), in denen das Franklsche Gedankengut gelehrt, praktiziert und weiterentwickelt wird. 19 Weltkongresse für Logotherapie haben bislang getagt und jährlich finden ca. acht nationale oder internationale Logotherapie-Tagungen statt. 20 bedeutende Fernsehfilme sind über Frankl gedreht worden, und neun Fachjournale für Logotherapie sowie zahlreiche nationale Zeitschriften und Newsletter werden in den verschiedensten Ländern publiziert. Die Gesundheitsbehörden im deutschsprachigen, lateinamerikanischen und nordamerikanischen Raum erkennen und anerkennen zunehmend die Logotherapie Frankls als eine hochwirksame Psychotherapie und Beratungsmethode.

Wenn eines der Franklbücher seine Leserinnen und Leser in höchstem Maße „beeinflusst“ und bewegt hat (vgl. 238 oben), so lässt sich analog dazu prognostizieren, dass der Schöpfer der Logotherapie noch eine ganze Ära in der Kulturgeschichte der Menschheit im Positiven beeinflussen und bewegen wird – weit ins dritte Jahrtausend hinein.

Fotos aus zwei Jahrzehnten

Die Autorin hat Viktor E. Frankl 1968 in einer Vorlesung an der Universität Wien kennengelernt und beschlossen, auf dem Fachgebiet der Logotherapie zu dissertieren. Im Zuge dieses Vorhabens entwickelte sich eine Lehrer-Schülerin-Beziehung zwischen ihr und Herrn Prof. Frankl, die nach dem Umzug der Autorin 1972 nach Deutschland und der Aufnahme ihrer Berufstätigkeit als klinische Psychologin und Psychotherapeutin gleitend in eine Freundschaft des Ehepaares Lukas mit dem Ehepaar Frankl überging. Dadurch entstanden in den Siebziger- und Achzigerjahren des 20. Jahrhunderts Privatfotos von Begegnungen mit dem Ehepaar Frankl, von denen einige ausgewählte auf den folgenden Seiten abgelichtet sind. In den Neunzigerjahren litt Herr Prof. Frankl zunehmend an einer Augenkrankheit, die Blitzlichtaufnahmen verbot.

Das eigentliche Bild jedoch, das sich die Nachwelt von Viktor E. Frankl machen wird und soll, lässt sich auf kein Papier bannen. Es ist das Bild eines Arztes und Philosophen mit brillantem Verstand und genialer Kreativität, und gleichzeitig das Bild eines Menschen, der in der Hölle von Auschwitz ganz genauso wie auf dem Gipfel höchster wissenschaftlicher Auszeichnungen Mensch geblieben ist – schlicht und einfach er selbst.

Perchtoldsdorf, 1971

Perchtoldsdorf, 1971
(Überreichung der Dissertation von Elisabeth Lukas)

Wien, 1972

Bonn, 1978

Türkheim 1980, (Herr Prof. Frankl mit dem Ehepaar Lukas)

München, 1981
(Ehepaar Frankl zu Besuch beim Ehepaar Lukas)

München, 1982

Wien, 1983

Regensburg, 1983
(Auf dem 3. Weltkongress für Logotherapie)

San Francisco, 1984
(Auf dem 4. Weltkongress für Logotherapie)

San Francisco, 1984
(Ehepaar Frankl mit Elisabeth Lukas)

München, 1985

Fürstenfeldbruck, 1987
(Besuch im Süddeutschen Institut für Logotherapie)

Buenos Aires, 1987
(Verleihung eines Ehrendoktorates)

Wien, 1989 (Herr Prof. Frankl in seinem Arbeitszimmer mit dem Ehepaar Lukas)

Wien, 1989

Toronto, 1992

Die Autorin

Univ.-Prof. h.c. Dr. habil. Elisabeth Lukas, geboren 1942 in Wien, ist Schülerin von Prof. *Viktor E. Frankl.* Als Klinische Psychologin und approbierte Psychotherapeutin spezialisierte sie sich auf die praktische Anwendung der Logotherapie, die sie methodisch weiterentwickelte. Nach 13-jähriger Tätigkeit in Erziehungs-, Familien- und Lebensberatungsstellen übernahm sie 1986 die fachliche Leitung des „Süddeutschen Instituts für Logotherapie GmbH" in Fürstenfeldbruck bei München, die sie 17 Jahre lang inne hatte. Danach war sie noch fünf Jahre lang als Hochschuldozentin und Lehrtherapeutin beim österreichischen Logotherapie-Ausbildungsinstitut ABILE tätig. Ihr Werk ist mit dem großen Preis des Viktor *Frankl* Fonds der Stadt Wien ausgezeichnet worden. Vorträge und Vorlesungen auf Einladung von mehr als 50 Universitäten sowie Publikationen in 17 Sprachen machten sie international bekannt. 2014 ist ihr von der Moskauer Universität eine Ehrenprofessur verliehen worden.

Heilkunst und Lebenskunst in der Logotherapie

Seit dem Tod *Viktor E. Frankls* (1905-1997) ist das Interesse an der von ihm entwickelten „Dritten Wiener Schule der Psychotherapie" – der Logotherapie – sprunghaft angestiegen. Viele Menschen fühlen sich weltweit von seiner schlichten und doch so faszinierenden „Ärztlichen Seelsorge" berührt und angesprochen. Besonders die Einbeziehung der Sinnfrage in alle Belange gelingenden Lebens findet gegenwärtig ein außerordentlich zustimmendes Echo.

Die Sachbuchreihe *„Heilkunst und Lebenskunst in der Logotherapie"* will das *Frankl*sche Werk in allgemein verständlicher Form und nach Problemgruppen geordnet einer breiten Leserschaft nahe bringen.

„Heilkunst und Lebenskunst in der Logotherapie" im Profil-Verlag München

BAND 1

Elisabeth Lukas

Wertfülle und Lebensfreude

Logotherapie bei Depressionen und Sinnkrisen

4., erw. Auflage • 2011 • 150 Seiten • ISBN 978-3-89019-684-8

BAND 2

Elisabeth Lukas

Lebensstil und Wohlbefinden

Seelisch gesund bleiben - Anregungen aus der Logotherapie

3., erw. Auflage • 2010 • 136 Seiten • ISBN 978-3-89019-685-5

BAND 3

Otto Zsok

Logotherapie und Glaubensfragen

Das Geheimnis des Lebens erspüren

1999 • 112 Seiten • ISBN 978-3-89019-472-1

BAND 4

Elisabeth Lukas

Konzentration und Stille

Logotherapie bei Tinnitus und chronischen Krankheiten
(mit einem Beitrag von Helmut Schaaf)

3. Auflage • 2005 • 108 Seiten • ISBN 978-3-89019-574-2

BAND 5

Elisabeth Lukas

Verlust und Gewinn

Logotherapie bei Beziehungskrisen und Abschiedsschmerz

2., erw. Auflage • 2007 • 124 Seiten • ISBN 978-3-89019-602-2

BAND 6

Elisabeth Lukas
Freiheit und Geborgenheit
Süchten entrinnen - Urvertrauen gewinnen
3. erw. Auflage • 2012 • 150 Seiten • ISBN 978-3-89019-578-0

BAND 7

Elisabeth Lukas
Inspirationen für die Seele
Das geistige Erbe Viktor E. Frankls
2. durchges. u. erw. Aufl. • 2015 • 252 Seiten • ISBN 978-3-89019-615-2

BAND 8

Elisabeth Lukas
Alles fügt sich und erfüllt sich
Logotherapie in der späten Lebensphase
Erw. Neuauflage • 2010 • 102 Seiten • ISBN 978-3-89019-682-4

BAND 9

Elisabeth Lukas
Burnout adé!
Engagiert und couragiert leben ohne Stress
2012 • 136 Seiten • ISBN 978-3-89019-664-0

BAND 10

Elisabeth Lukas
Spannendes Leben
In der Spannung zwischen Sein und Sollen – ein Logotherapiebuch
4. erw. Neuauflage • 2014 • 304 Seiten • ISBN 978-3-89019-707-4

Prof. Dr. Elisabeth Lukas

Lehrbuch der Logotherapie
Menschenbild und Methoden

4., aktualisierte und durchgesehene Auflage • 2014 • 292 Seiten
A5, Gebunden • ISBN 978-3-89019-696-1 • 38,00 € [D]

Neu! Die 4. Auflage des weltweit einzigen Lehrbuches!

In komprimierter und präziser Weise wird zum erstenmal in Lehrbuchform die anthropologische Grundlage des Gedankengebäudes von Viktor E. Frankl (1905-1997), des weltberühmten Begründers der Existenzanalyse und Logotherapie, systematisch vorgestellt. Dadurch wird der Leser zu den sich daraus ergebenden methodischen Ansätzen dieser faszinierenden „Lebensschule" und „Dritten großen Schule der Psychotherapie" geleitet. Lebensprobleme, psychische Krisen, schwere psychische Erkrankungen in Verbindung zu somatischen Prozessen werden diskutiert, die logotherapeutischen Lösungs- und Linderungsmöglichkeiten dazu vorgestellt.

Ein neues Nachwort bezieht die neuesten Änderungen der Klassifikation seelischer Störungsbilder nach ICD-10 ein.